中国科协创新驱动助力工程创新发展工作模式研究

闫邹先　著

中国纺织出版社

内容提要

创新是引领发展的第一动力，人才是支撑发展的第一资源。当前，我国已进入建设创新型国家的关键阶段。党的十八大提出实施创新驱动发展战略，强调必须把科技创新摆在国家发展全局的核心位置，以创新支撑和引领经济结构优化升级。为贯彻实施习近平总书记关于加快实施创新驱动发展战略的系列重要讲话精神，充分发挥科协及所属学会在创新驱动发展中的重要作用，中国科协于2014年9月启动实施了创新驱动助力工程。本研究主要分析了科协创新驱动助力工程取得的主要进展，存在的问题并提出了相应的对策建议，尤其是针对助力工程在实施过程中的创新发展模式，本研究从不同维度，总结了十个可复制易推广的创新工作模式，这对于深入推进助力工程、服务创新驱动发展战略，促进经济转型升级无疑具有非常重要的意义。

图书在版编目（CIP）数据

中国科协创新驱动助力工程创新发展工作模式研究 / 闫邹先著 . — 北京 : 中国纺织出版社 , 2017.3

ISBN 978-7-5180-3257-0

Ⅰ . ①中…　Ⅱ . ①闫…　Ⅲ . ①中国科学技术协会—创新工程—工作模式—研究　Ⅳ . ① G322.25

中国版本图书馆 CIP 数据核字（2017）第 021259 号

责任编辑：汤　浩　　　　　　　　　　责任印制：储志伟

中国纺织出版社出版发行

地址：北京市朝阳区百子湾东里 A407 号楼　邮政编码：100124

销售电话：010-67004422　传真：010-87155801

http：//www.c-textilep.com

E-mail：faxing@e-textilep.com

中国纺织出版社天猫旗舰店

官方微博 http：//www.weibo.com/2119887771

虎彩印艺股份有限公司印制　各地新华书店经销

2017 年 3 月第 1 版第 1 次印刷

开本：710×1000　1/16　印张：7.5

字数：131 千字　定价：36.00元

前 言

大力推动大众创业、万众创新，形成全社会支持和参与创新的良好局面，是当前国家实施创新驱动发展战略的重要战略部署。中共中央、国务院《关于深化科技体制改革加快国家创新体系建设的意见》明确要求，要充分发挥科技社团在推动全社会创新活动中的作用。

中国科学技术协会（简称中国科协）是国家组织和动员科技工作者参与创新的重要机构。经过六十多年的发展，科协已发展成为遍布全国，拥有多种横向组织和四级纵向组织的巨大组织网络，在国家政治生活、科技发展和社会建设等方面发挥着重要作用。科协的组织特点在打通科技与经济结合的“大通道”和“微循环”上有着明显的特殊优势，能够为推动大众创业、万众创新做出积极贡献。

2014 年中国科协实施“创新驱动助力工程”。实施创新驱动助力工程，是中国科协贯彻落实习近平总书记系列重要讲话精神和中央重大决策部署，发挥科协系统人才和智力优势，拓展和创新工作领域、服务党和国家中心工作的重要举措，工作成效得到各方面认可。但从目前来看，助力工程在工作模式、组织方式、运行机制、保障措施等方面还存在一些需要改进提升的薄弱环节，如何更好地服务国家的创新驱动发展战略，更好地实施创新驱动助力工程，如何形成可复制、易推广的工作模式就显得尤为迫切和必要。

本研究在 2015 年度中国科协学会部学术交流项目的支持下，以党的十八大提出的“创新驱动战略”以及习近平总书记围绕创新驱动发表的系列重要讲话为指导，对中国科协实施的创新驱动助力工程发展进行调研。在中国科协学会部、中国科协学会服务中心、北京科技咨询中心、北京工业大学和国电通网络科技公司等单位的支持下，课题组分别赴河北保定、中国纺织工程学会、中国煤炭学会、中国复合材料学会等单位进行深度访谈，对部分参与单位进行电话访谈，围绕创新驱动助力工程服务京津冀协同发展组织专题沙龙，从区域发展角度收集各方面专家对课题报告的意见。为了获得更多的数据，提高调研效率，首先，课题组依托中国科协助力工程年度总结要求，收集助力工程“点”“面”“链”的相关数据和案例，使得调研相对具有“大数据”特征。其次，课题组查阅了大量文献和相关政策文件，了解国内外研究现状，充实了课题研究的理论基础。再次，选取科技创新发展方面有成功经验的美国、德国为代表的欧盟和日本，从定位、体制机制、实施路径、推广模式及支持政策等方面进行比较研究，总结他们的经验和做法，得出一些对我国有益的启示。最后，结合比较研究、案例研究得出的总结与启示，针对助力工程发现的一些具体问题，提出了如何集聚资源、合理利用势差、有效孵化催化，从而加快区域技术创新发展，延长加强科技产业创新链条，提高科技成果转化成效，推动科协所属学会助力区域和企业科技创新的战略构想。

作者

目 录

第1章　导　论

1.1　研究意义

创新是引领发展的第一动力，人才是支撑发展的第一资源。当前，我国已进入建设创新型国家的关键阶段。党的十八大提出实施创新驱动发展战略，强调必须把科技创新摆在国家发展全局的核心位置，以创新支撑和引领经济结构优化升级。推动大众创业、万众创新，是具有鲜明时代特征和强烈现实意义的重要举措，也是推动我国经济行稳致远和提质增效的新动能。当前，中华大地正在兴起新的创业创新热潮，创业创新正在成为一种价值导向、一种生活方式、一种时代气息，出现了以90后年轻创业者、大企业高管及连续创业者、科技人员创业者、留学归国创业者为代表的创业"新四军"，草根创新、蓝领创新、创客、众创空间等新的形式层出不穷。在这个大众创业、万众创新的时代，如何调动和发挥科技工作者的生力军作用，至关重要。

中共中央关于加强和改进群团工作的意见，要求群团组织、团结、动员群众围绕中心任务建功立业，强调把深化改革开放、推动科学发展、促进社会和谐作为发挥作用的主战场，把工人阶级主力军、青年生力军、妇女半边天作用和人才第一资源作用，转化为促进经济社会发展的强大力量。习近平总书记在党中央的群团工作会议上突出强调群团组织紧紧围绕中国特色社会主义经济建设、政治建设、文化建设、社会建设、生态文明建设，找准自身工作的结合点和着力点，团结动员所联系群众为完成党和国家的中心任务贡献力量。

中央经济工作会议明确提出，认识新常态、适应新常态、引领新常态是当前和今后一个时期我国经济发展的大逻辑。推进供给侧结构性改革，是适应和引领经济发展新常态的重大创新，是适应国际金融危机发生后综合国力竞争新形势的主动选择，是适应我国经济发展新常态的必然要求。会议强调要统筹国内国际两个大局，按照“五位一体”总体布局和“四个全面”战略布局，牢固树立和贯彻落实创新、协调、绿色、开放、共享五大发展理念，坚持稳中求进的工作总基调，实行宏观政策要稳、产业政策要准、微观政策要活、改革政策要实、社会政策要托底的总体思路，努力实现“十三五”时期经济社会发展的良好开局。明年工作重点是抓好去产能、去库存、去杠杆、降成本、补短板五大任务。要坚持瞄准全面建成小康社会目标，牢牢抓住发展这个第一要务不放松，加大对实体经济的支持力度。坚持大力推进结构性改革，着力解决制约发展的深层次问题。坚持深入实施创新驱动发展战略，推进大众创业、万众创新，依靠改革创新加快新动能成长和传统动能改造提升。

科协作为科技工作者的群众组织，拥有丰富的科技工作者资源，负有团结联系服务科技工作者、提供科技类社会化公共服务产品的双重职责。把学会优质创新资源引向基层、引入企业，助力创新驱动发展，就是科协提供科技类社会化公共服务产品的重要方式之一。这就要求科协创新联系服务科技工作者的机制，改革服务创新发展的方式，在科技工作者与企业之间架起一座金桥，帮助科技工作者加快科技成果转化，帮助企业获得最新科技成果，在助推产业转型升级、服务创新发展、进军科技创新和经济建设主战场中更有加有所作为。

如何在“新常态”下组织科技工作者推动创新驱动是科协系统当前面临的重大机遇和挑战。

2013年3月4日，习近平总书记参加全国政协十二届一次会议的科协、科技界委员联组会并发表重要讲话。他指出，实施创新驱动发展战略是加快转变经济发展方式、破解经济发展深层次矛盾和问题、增强经济发展内生动力和活力的根本措施。在日趋激烈的全球综合国力的竞争中，我们必须正视现实、承认差距、密切跟踪、迎头赶上，走自主创新道路，采取更加积极有效的应对措施，在涉及未来的重点科技领域超前部署、大胆探索，加快从要素驱动发展为主向以创新驱动发展为主转变，发挥科技创新的支撑引领作用。要加强统筹协调，促进协同创新，优化创新环境，形成推进创新的强大合力。要增强创新自信，加快推进重大科技专项实施，建立健全优先使用自主创新成果的机制。要深化科技体制改革，进一步突出企业的技术创新主体地位，变"要我创新"为"我要创新"，促进创新链、产业链、市场需求有机衔接。要加强科技人才队伍建设，为人才发挥作用、施展才华提供更广阔的天地，鼓励人才把自己的智慧和力量奉献给实现"中国梦"的伟大奋斗。

为贯彻实施习近平总书记关于加快实施创新驱动发展战略的系列重要讲话精神，充分发挥科协及所属学会在创新驱动发展中的重要作用，中国科协于2014年9月启动实施了创新驱动助力工程（以下简称"助力工程"）。10月10日，中国科协印发了《中国科协关于实施创新驱动助力工程的意见》，明确了助力工程的指导思想、基本原则、主要内容、程序分工和保障措施。一年来，在中国科协的统筹安排下，在地方党委政府的积极响应、地方科协的策划推动、全国学会的协同配合、企业和专家的热情参与下，助力工程取得了显著成效，得到了工程参与方和社会各界的广泛认可。为了进一步增加创新驱动助力工程覆盖面和影响力，促进全国学会和地方科协在国家创新体系特别是区域创新体系建设中发挥更大的作用，在助力工程实施一周年之际开展调研活动很有必要。

1.2 研究内容

党的十八届五中全会关于创新发展的理念对我们提出了新的要求。十八届五中全会审议通过的"十三五"规划建议稿，绘制了实现第一个百年目标的宏伟蓝图，明确提出了"创新、协调、绿色、开放、共享"五大发展理念，是今后五年我国经济社会发展的实践指南，是推动我国发展深刻变革的行动纲领。特别是，"十三五"规划建议稿突出强调要把创新作为引领发展的第一动力，把人才作为支撑发展的第一资源，把创新摆在国家发展全局的核心位置，由此来推进以科技创新为核心的全面创新，促进经济发展方式从规模速度型粗放增长向质量效益型集约增长转变，加快形成新的内生增长动力。增长方式转换、创新驱动发展，关键是科技要先行。

五大发展理念的贯彻落实迫切需要以强大的科技创新作为支撑，核心是使高素质人力资本得到充分利用。推动创新是科协的基本使命，科协各级组织必须在推动科学技术研究开发，成果转化，大众创业、万众创新等方面奋发有为。2014 年中国科协提出“创新驱动助力工程”。实施创新驱动助力工程，是中国科协贯彻落实习近平总书记系列重要讲话精神和中央重大决策部署，发挥科协系统人才和智力优势，拓展和创新工作领域、服务党和国家中心工作的重要举措，工作成效得到各方面认可。但从目前来看，助力工程在工作模式、组织方式、运行机制、保障措施等方面还存在一些需要改进提升的薄弱环节，如何更好的服务国家的创新驱动发展战略，更好的实施创新驱动助力工程，如何形成可复制、易推广的工作模式就显得尤为迫切和必要，基于这种思考，科协基层组织管理服务模式主要包括以下内容。

（1）调研了解中国科协助力工程的基本情况、相关做法、典型案例，总结推进助力工程实施的方式与特点。

（2）收集梳理部分发达国家开展科技创新的相关做法、国内政府部门和部分人民团体在创新驱动战略中的主要举措，为中国科协实施创新驱动助力工程提供借鉴。

（3）从创新驱动各主体需求出发，分析助力工程面临的困难与挑战，为完善助力工程的发展提供建议。

1.3 技术路线

本研究在 2015 年度中国科协学会部学术交流项目的支持下，以党的十八大提出的“创新驱动战略”以及习近平总书记围绕创新驱动发表的系列重要讲话精神为指导，对中国科协实施的创新驱动助力工程发展进行调研。在中国科协学会部、中国科协学会服务中心、北京科技咨询中心、北京工业大学和国电通网络科技公司等单位的支持下，课题组分别赴河北保定、中国纺织工程学会、中国煤炭学会、中国复合材料学会等单位进行深度访谈，对部分参与单位进行电话访谈，围绕创新驱动助力工程服务京津冀协同发展组织专题沙龙，从区域发展角度收集各方面专家对课题报告的意见。为了获得更多的数据，提高调研效率，首先，课题组依托中国科协助力工程年度总结要求，收集助力工程“点”“面”“链”的相关数据和案例，使得调研相对具有“大数据”特征。其次，课题组查阅了大量文献和相关政策文件，了解国内外研究现状，充实了课题研究的理论基础。再次，选取科技创新发展方面有成功经验的美国、以德国为代表的欧盟和日本，从定位、体制机制、实施路径、推广模式及支持政策等方面进行比较研究，总结他们的经验和做法，得出一些对我国有益的启示。最后，结合比较研究、案例研究得出的总结与启示，针对助力工程发现的一些具体问题，提出了如何集聚资源、合理利用势差、有效孵化催化，从而加快区域技术创新发展，延长加强科技产业创新链条，提高科技成果转化成效，推动科协所属学会助力区域和企业科技创新的战略构想。

第 2 章　助力工程开展情况及取得的成效

2.1　助力工程实施背景

2.1.1　全球经济结构调整激发科技进步加速

当前，世界经济总体上仍处于金融危机余波的影响之中。全球经济复苏进程艰难曲折，国际市场需求不足，增长乏力，脆弱性、不确定性和不平衡性成为世界经济发展的重要特征。2008 年国际金融危机后，各国政府为了防止本国陷入经济衰退，采取了一系列经济刺激措施，全球经济结构进入了深度调整期，使实体经济竞争出现了新态势。世界各国纷纷强化创新战略部署——美国出台《创新战略》，从国家发展战略上重视创新，从国家发展路径上强化创新；欧盟通过《欧洲 2020 战略》，致力于成为最具国际竞争力的国家联合体；日本 2009 年出台《数字日本创新计划》，逐步进入科学技术立国与战略调整阶段；韩国在 2000 年制定科技发展长远规划《2025 年构想》，提出 2015 年成为亚太地区主要研究中心的目标。以美国的“再工业化战略”、德国的“工业 4.0”等为代表的发达国家再工业化，新兴经济体和发展中国家要素成本优势的相对减弱，将形成新的全球产业链和供应链，进而对全球的供给和需求结构、进口和出口格局带来深刻变化，导致全球市场争夺更加激烈。欧美等发达经济体由于政府债台高筑、投资机会缺乏、产业创新缓慢、失业率高居不下等因素，在全球经济增长中的主导作用已经动摇。而以我国为代表的新兴经济体始终保持着较高增长率，逐渐成为稳定世界经济增长的主要力量。尽管美欧经济复苏乏力、世界经济前景充满不确定性，但世界性经济结构调整是不可逆转的大方向、大趋势，这使得我国加快经济结构调整面临着较好的环境和机遇。

21 世纪以来的科技进步使人们普遍认识到，一个国家的兴衰、经济的增长，都将在很大程度上依赖于高科技发展水平。科技，特别是高科技，是发展经济的加速器，是增强国力的关键手段。自 20 世纪 90 年代以来，世界科技突飞猛进，以电子信息、生物技术和新材料为支柱的高新技术取得了一系列重大突破，改变了世界的面貌，推动了经济全球化进程。当今世界，以发展现代化科技来提升综合国力，成为世界各国的共同关注点。国际金融危机冲击、催生的新一轮科技革命和产业革命正在兴起，产业变革方向日益明晰。世界各国都在抢占科技和产业的制高点，人才、资本、市场、专利等都成为竞相争夺的战略资源，创新要素与金融资本、商业模式融合得更加紧密，新的科学理论、新的生产方式、新的产业形态与创新资源高度融合。世界即将进入创新集聚爆发期和新兴产业加速成长期。不少发达国家已出台“绿色新政”，大幅增加研发投入，支持新能源、生物医药、信息网络等领域创新发展。面对世界发达国家的超前部署，中国只有进一步增强危机意识，坚定不移地实施创新驱动发展战略，才能在综合国力的竞争中抢占先机。在某些领域，新兴经济体与发达国家的差距相对较小，只要我们把握趋势、应对得当，就可能抢占先机、赢得优势。

2.1.2　我国经济发展新常态需要创新驱动新引擎

我国经济发展取得了长足进步，已经站在了新的历史起点上，保持经济持续健康发展具有许多有利条件。同时，我们也应该清醒地看到，我国经济发展呈现出“规模大、人均低，消耗高、技术低，积累高、消费低”的阶段性特点，以下数据足以说明问题：我国天然气、石油人均占有量为世界平均水平的 4% 和 8%，水资源、土地、耕地分别为世界平均水平的 25%、33%、40%。高投入、高能耗带来了严重的生态环境问题。我国 7 大水系 1/5 的水质为劣 V 类，每年因经济发展带来的环境污染所付出的代价已接近 1 万亿元。长时间大范围雾霾天气影响了国土面积的 1/4，受影响人口达 6 亿人。2007 ~ 2011 年全国污染物排放量呈逐年上升趋势，2011 年度污水排放量达 659.2 亿吨，城镇生活污水排放量达 427.9 亿吨，工业固体废物产生量为 32.2 亿吨。2011 年全国环境污染治理投资总额为 6026.2 亿元，占当年 GDP 的 1.27%。

我国经济在诸多方面显示出“大而不强”的特点，不平衡、不协调、不可持续的问题依然突出，一些领域的潜在风险仍然很大，正处于增长速度换挡期、结构调整阵痛期和前期刺激政策消化期的叠加阶段，面临着跨越“中等收入陷阱”的严峻考验。目前，世界公认的创新型国家有 20 个左右，它们有如下共同特征：研发投入占 GDP 的比率一般在 2% 以上；科技对经济增长的贡献率在 70% 以上; 对外技术依存度指标一般在 30% 以下。而我国科技对经济增长的贡献率为 39%，对外技术依存度大于 40%，与创新型国家存在明显差距。虽然近年来我国科技工作取得了长足进步，但与世界主要创新型国家还有很大的差距。2009 年，美国 R&D 占 GDP 的比重为 2.88%，日本为 3.33%，韩国为 3.36%，德国为 2.68%，芬兰为 3.96%，瑞典为 3.62%，中国为 1.7%。我国各项科技实力指标也明显落后于其他发达国家。我国基础研究投入占 R&D 经费的 4.8%，为瑞士的 17%、美国的 25%，日本的 37%。各国三方专利（美日欧授权专利）占世界比率中，中国的三方专利仅为 2.4%，为美国的 7.84%，日本的 7.58%。我国 2008 ~ 2012 年专利实施许可合同数约占专利申请受理数的 1.48%，“垃圾专利”居多。我国高技术产品出口总量世界第一，但自主品牌出口不足 10%，80% 以上是外资企业的产品，其中 72% 是加工贸易产品，自主创新能力难以支撑经济的高速发展。

总体来看，应对气候变化、粮食安全、能源安全等全球重大挑战，高投入、高消耗、高排放、低效率的发展模式难以为继，我国必须增强国家创新能力，加快经济发展方式转变，积极参与国际经济科技新秩序的重构。对此，中央从战略性、全局性出发，第一次提出了中国经济处于新常态，转方式、调结构是引领新常态的路径和手段。我国要从经济大国向经济强国迈进，从制造大国向创造大国转型，从贴牌大国向品牌大国升级，关键靠深化改革和科技创新。

2015 年 3 月，《中共中央国务院关于深化体制机制改革 加快实施创新驱动发展战略的若干意见》（以下简称《意见》）正式发布。《意见》指出，面对全球新一轮科技革命与产业变革的重大机遇和挑战，面对经济发展新常态下的趋势变化和特点，面对实现“两个一百年”奋斗目标的历史任务和要求，必须深化体制机制改革，加快实施创新驱动发展战略。加快实施创新驱动发展战略，就是要使市场在资源配置中起决定性作用和更好地发挥政府作用，破除一切制约创新的思想障碍和制度藩篱，激发全社会创新活力和创造潜能，提升劳动、信息、知识、技术、管理、资本的效率和效益，强化科技同经济对接、创新成果同产业对接、创新项目同现实生产力对接、研发人员创新劳动同其利益收入对接，从根本上防止和解决科技与经济脱节的问题，增强科技进步对经济发展的贡献率。《意见》的发布标志着国家层面对于实施创新驱动发展战略完成了顶层制度设计，已经从认识变成行动，从宏观部署变成具体政策，为各级党委、政府和社会各界推动实施创新驱动发展战略明确了任务目标。

2.1.3　“两个一百年”目标呼唤群团组织贡献力量

社会组织是社会治理的重要主体和依托。成熟的现代社会的主要标志之一就是有完善的社会组织体系和社会治理体系。十八届三中全会强调，全面深化改革的总目标是完善和发展中国特色社会主义制度，推进国家治理体系和治理能力现代化。全会提出，要激发社会组织活力，加快实施政社分开，推进社会组织明确权责、依法自治、发挥作用；适合社会组织提供的公共服务和解决的事项，交由社会组织承担。2015 年初发布的《中共中央关于加强和改进党的群团工作的意见》也强调，群团事业是党的事业的重要组成部分，党的群团工作是党治国理政的一项经常性、基础性工作，是党组织动员广大人民群众为完成党的中心任务而奋斗的重要法宝。实现“两个一百年”的奋斗目标和中华民族伟大复兴的中国梦，要依靠人民团体，来激发蕴藏在人民群众中的巨大创造力。

中国科协是由广大科技工作者组成的人民团体，通过 200 多个学会联系着成千上万的科技工作者。它通过组织、联系各部门的科技工作者，将高校、科研院所等行政组织有效地连接起来，成为知识流动和联系的通路。它以促进知识流动为己任，对创新活动的影响明显。学会是科协工作的主体，里面人才密集，本领域的专家被学会有效地组织起来，专业知识通过学会这个枢纽，在会员之间、学会与社会之间、学会与政府之间流动。学会还是一个柔性的、跨边界的组织，它打破行业、部门的壁垒，按照学会的组织和行事规则，将不同行业、不同部门、不同地域的科技工作者组织在一起。通过这种方式，学会可以建立起功能强大的组织内外数据信息集成网络，既可促进会员之间的知识交流，也可为政府与企业提供优质服务。

创新驱动的本质是指依靠自主创新，充分发挥科技对经济社会的支撑和引领作用，大幅提高科技进步对经济的贡献率，实现经济社会全面协调可持续发展和综合国力不断提升。在实施创新驱动发展战略的道路上，中国科协及其所属学会肩负着光荣的使命。为此，作为党领导下的人民团体，为贯彻落实习近平总书记关于加快实施创新驱动发展战略的系列重要讲话精神，充分发挥科协及其所属学会在创新驱动发展中的重要作用，中国科协于2014年9月启动实施了创新驱动助力工程（以下简称“助力工程”）。10月10日，中国科协印发《中国科协关于实施创新驱动助力工程的意见》，明确了助力工程的指导思想、基本原则、主要内容、程序分工和保障措施。

无论是从组织目标还是从开展的业务来看，科协事业与科技服务业的发展是息息相关的。“促进科学技术与经济的结合”是中国科协的宗旨之一，“组织科学技术工作者为建立以企业为主体的技术创新体系、全面提升企业的自主创新能力作贡献”是科协章程确定的一项重要任务。从开展“金桥工程”推动科技成果转移转化到建立“院士专家工作站”，实施“会企合作”和“创新驱动助力工程”，多年来，各级科协已开展了一系列与创新驱动相关的重大工程，积累了大量的创新经验。中国科协联系指导的各级科协、各类学会和科技咨询机构既是创新驱动助力工程的重要载体，也支撑着其他科技服务机构共同实施创新驱动战略。因此，总结科协实施创新驱动助力工程一年多来的宝贵经验，梳理出可以向科协组织推广的典型模式，是非常重要和必要的。

2.2 助力工程实施进展基本情况

助力工程开展以来，得到地方政府、各地学会和中国科协各级领导的重视和支持。中国科协书记处领导深入指导和参与了助力工程的实施。在助力工程实施一年间，中国科协书记尚勇亲自赴山东、北京、浙江、江苏、福建、河南、新疆、内蒙等地，与中国电机工程学会、中国宇航学会等学会就创新驱动助力工程工作进行调研，了解助力工程实施过程遇到的实际问题和困难，并帮助其解决问题和困难（图 2-1）。

图 2-1　尚勇书记赴内蒙鄂尔多斯调研助力工程实施情况

中国科协党组成员、书记处书记王春法带队赴河北、辽宁等地调研创新驱动助力工程。在辽宁朝阳期间，来自中国国土经济学会、中国金属学会和中国有色金属学会等 5 个全国学会的 15 位专家，以及中国科协学会学术部有关负责人参加了调研（图 2-2）。

图 2-2　王春法书记赴辽宁朝阳调研助力工程实施情况

中国科协党组成员、书记处书记沈爱民带队赴宁夏石嘴山市开展创新驱动助力工程调研（图 2–3）。来自中国材料研究学会、中国宇航学会、中国土壤学会、中国真空学会、中国自动化学会、中国植物营养与肥料学会、中国腐蚀与防护学会、中国林学会、中国复合材料学会、中国电子学会、中国煤炭学会、中国机械工程学会共 12 个学会的 35 名代表和专家，中国科协学会服务中心主任李志刚，中国科协学会学术部有关负责人参加了调研。

图 2–3　沈爱民书记赴宁夏石嘴山市调研助力工程实施情况

一年来，在中国科协的引导带动和地方科协的积极响应下，助力工程申报热情高涨，在自主申报的情况下，有 22 个省（自治区、直辖市）的 42 个城市申报试点。根据问卷回收统计，截至 2015 年 9 月 30 日，按照“点、链、面”的工作布局，全国已有 40 个地级市（区）开展了创新驱动助力工程，其中河北保定等 19 个城市被中国科协确定为创新驱动示范市（区）；65 个全国学会参与了创新驱动助力工程，其中 12 个学会被中国科协确定为试点学会；包含示范市（区）在内的 14 个省市自治区参与了创新驱动助力工程，其中浙江、福建和辽宁 3 个省被确定为创新驱动助力工程试点省；此外，中国科协还以战略合作框架协议的形式签约支持了深圳市和广州市开展创新驱动助力工程试点工作，从而使得按照行政区域来看，助力工程呈现出 3+2 个示范面（图 2–4）。

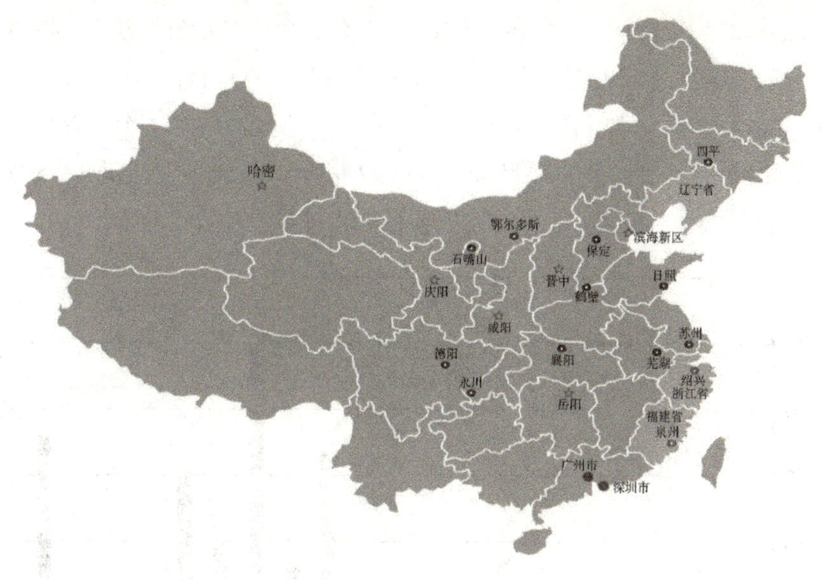

图 2-4　中国科协创新驱动助力工程试点分布情况

2.2.1 “点”状布局，试点示范陆续展开

《中国科协关于实施创新驱动助力工程的意见》提出要按照党委和政府重视、学会工作有基础、地方企业主动积极的原则，在东、中、西部分别选择有代表性的地市级城市，实施创新驱动助力工程，设立创新驱动助力示范区（以下简称“示范区”），由全国学会为地方提供高水平智力支持和科技支撑，搭建协同创新平台，示范带动地方加速经济转型升级。在各级科协和地方政府等各方的共同努力下，近一年时间内，共计有 40 个地市参与了助力工程试点工作，其中 19 个地级市区被中国科协批准为创新驱动示范市（详见附表 1）。这些试点地市根据自身资源基础与需求全面开展助力活动，探索建立创新驱动示范市工作体制机制，积极推进与全国学会对接，洽谈项目的落实。通过产学研联合创新平台、学会服务站、院士专家工作站、企会协作创新联盟、海智计划基地等工作载体，示范区深入开展对接活动。

根据中国科协学会部问卷统计，截至 2015 年 9 月 30 日，40 个助力工程试点地市用拜访、面谈、电话、邮件等方式共计与全国学会开展了 441 次对接活动，与省级学会开展了 213 次对接活动；累计邀请全国学会调研试点市区 274 次，全国学会参与专家 1093 名；累计邀请省级学会 143 次，省级学会专家人数 758 名；形成合作意向 723 项；签订合作协议 370 个（图 2-5、2-6）；建立学会服务站（专家工作站、基地等）251 个；落地项目 165 项（图 2-7、2-8），项目金额 33.997 亿元；开展咨询活动 1375 项；成立全国学会分支机构 39 个；建立项目、人才数据库 252 个。

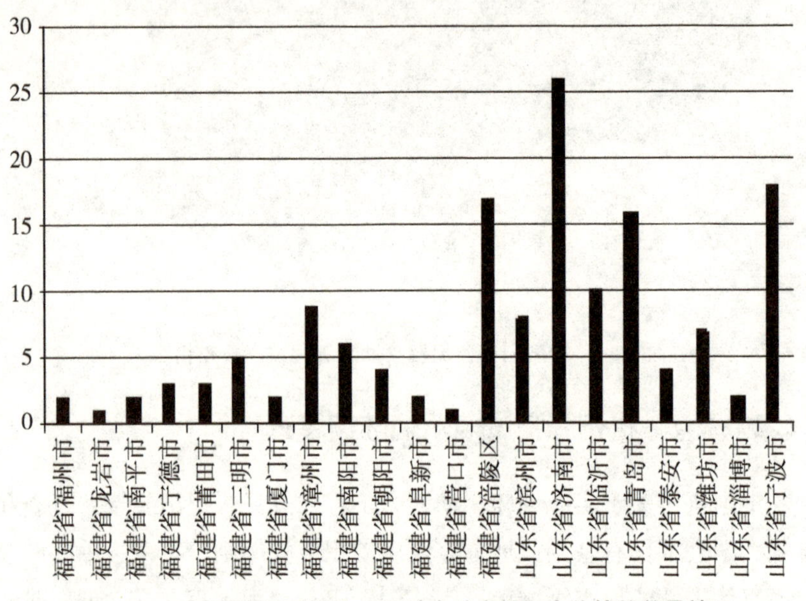

图 2-5　21 家创新驱动助力工程试点地市签订合作协议数量情况

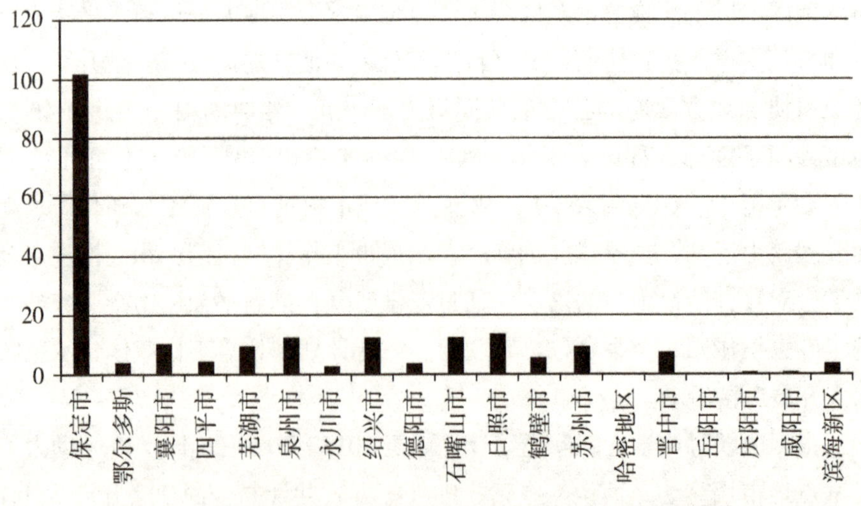

图 2-6　19 家创新驱动助力工程示范地市签订合作协议数量情况

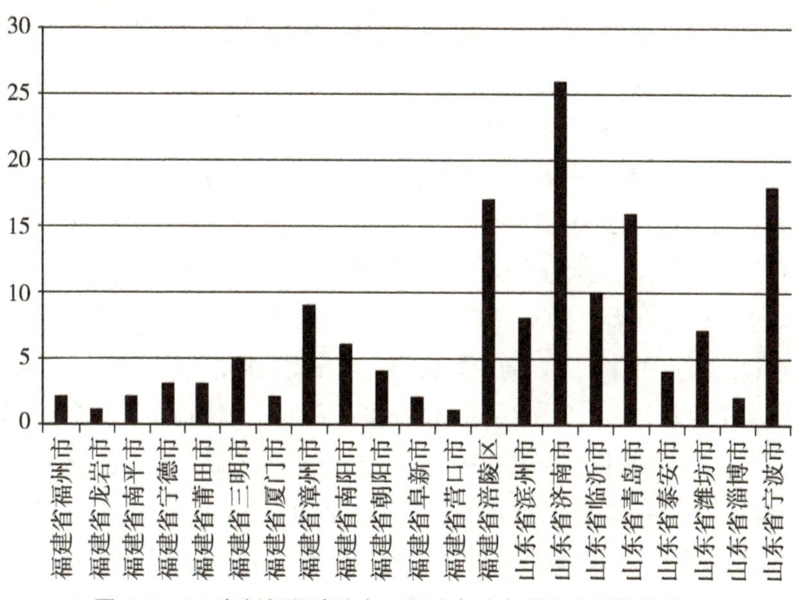

图 2-7　21 家创新驱动助力工程试点地市项目落地数量情况

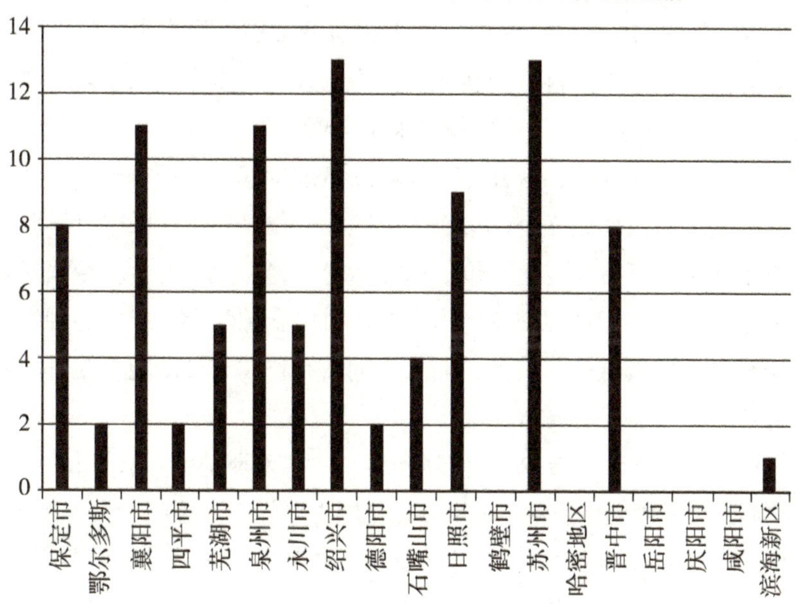

图 2-8　19 家创新驱动助力工程示范地市项目落地数量情况

保定市是中国科协与河北省政府确定的第一个助力工程试点地市，也是第一示范地市。一年来，保定市共与 59 个全国学会建立联系，带领企业拜访了 45 个全国学会，签署各类合作协议 111 项，其中包括落地科技项目、技术合作协议 20 余个，建立学会工作站 54 个，国家级企业技术联盟 7 个，成立联合实验室2个，建立中试基地、创新基地2个，引进建立实体公司10余个。在与国家级学会对接过程中，保定市共拜访院士20余位，与159个国家开放实验室、300多名专家、科技人员对接，承接国家级学术交流会议4场，与戴汝为、任阵海等13位院士、41个全国学会建立深入合作关系。

济南市科协以2015年1号文件的形式，印发了《关于实施创新驱动助力工程的意见》，将学会创新和服务能力提升工作、企事业科协工作、海智工作与创新驱动助力工程统一起来，采取项目资助、以奖代补等方式，支持重点项目、重点工作；及时向中国科协、山东省科协汇报并获得领导批示，推动济南市政府与中国科协开展战略合作，成功推动建立了5个科技协同创新联盟、3个科技协同创新基地和24个会企协作工作站；其中创新谷科技协同创新联盟成立后多次开展了企业技术对接活动，达成合作意向20多项。

内蒙古鄂尔多斯市为抓好助力工程工作落实，组建成立了由市委常委、副市长为组长，分管科技和工业经济的两位副市长为副组长，康巴什新区管委会和科协等13个单位为成员的工程协调推进领导小组，依托鄂尔多斯专家公寓建立了中国科协创新驱动助力工程全国学会鄂尔多斯市专家服务总站，征集54家企业各类科技需求174项；分5批邀请15个全国学会的47位专家及大专院校、科研院所的40多位专家教授进行对接，共建立自治区院士专家工作站7个，柔性引进院士9位。其中，中国科学院和工程院院士7位，蒙古国院士2位。积极邀请、组织全国各学会专家学者、行业领军人物前来考察、交流，承办中国科协全国学会组织的各种学术会议、论坛和成果展览等，带动相关工作创新和科技人员的能力提升，实现招才引智、招商引资的目标。

自中国科协于2015年2月将襄阳确定为“创新驱动助力示范市”以来，襄阳市始终按照中国科协“示范引领、机制先导，科协搭台、学会唱戏，地方主导、合作共赢，学会提能、集聚资源”的要求，坚持以推进经济转型发展为中心，科协搭台，积极探索“产业+企业+学会”模式，坚持需求导向、精准对接、项目带动、协同创新，即：从襄阳特色产业入手，紧盯重点骨干企业，联系相关全国学会，以技术合作、科技咨询、科研开发项目为基点，在学会所属院士专家和企业之间架设金桥，达到合作共赢的目的，取得了阶段性胜利。今年2～9月，襄阳市科协先后3次邀请中国汽车工程学会、中国纺织工程学会、中国航空学会、中国材料研究学会、中国仪器仪表学会、中国自动化学会的 20 多位专家，到襄阳为 40 余家企业发展提供战略咨询、解决技术难题、开展项目成果对接，促成专家与企业达成合作意向近 30 项。

2.2.2　“面”状发展，点面结合协同推进

在创新驱动地级市试点和示范工作取得较大成功的同时，按照以点带面的工作思路，浙江省、福建省、辽宁省、甘肃省、贵州省、河北省、河南省、黑龙江省、吉林省、宁夏自治区、重庆市、上海市、新疆自治区和山东省等 14 家省市区纷纷在全行政区范围内启动助力工程试点工作；中国科协选择了浙江、福建、辽宁 3 个省开展了省级创新驱动助力工程试点；深圳市和广州市由于拥有较好的区位优势和创新基础，被中国科协选定为助力工程特色试点城市并签订了框架协议，成为助力工程副省级试点单位。

一年来，16 家省市区科协在实施助力工程中，共收集科技和产业需求 2446 项；通过拜访、面谈、电话、邮件等方式对接全国学会 178 次，对接省级学会 352 次；邀请学会专家现场调研包括：全国学会 75 次，专家 528 名，省级学会 139 次，专家 727 名；形成合作意向 611 项；签订合作协议 293 个（图 2–9）；建立学会服务站（专家工作站、基地等）298 个；落地项目 165 项（图 2–10），项目金额 55.7 亿元；开展咨询活动 1187 项；成立学会分支机构 33 个；建立项目和人才数据库 77 个。

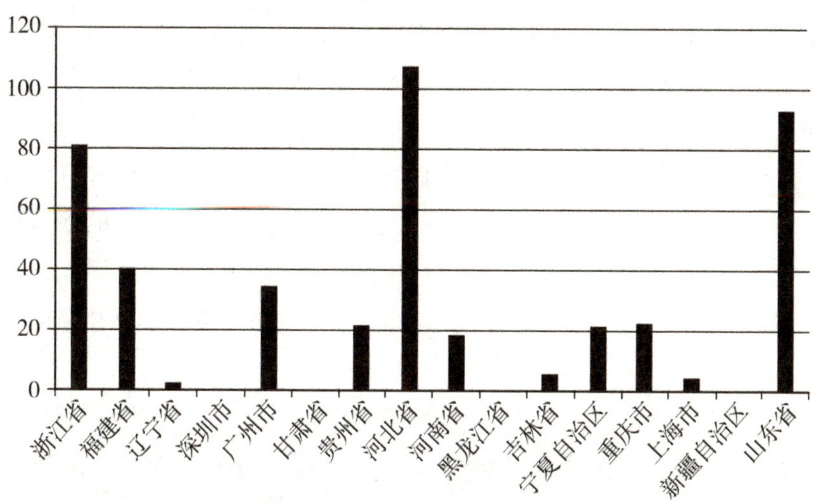

图 2–9　16 家创新驱动助力工程试点省市区签订合作协议情况

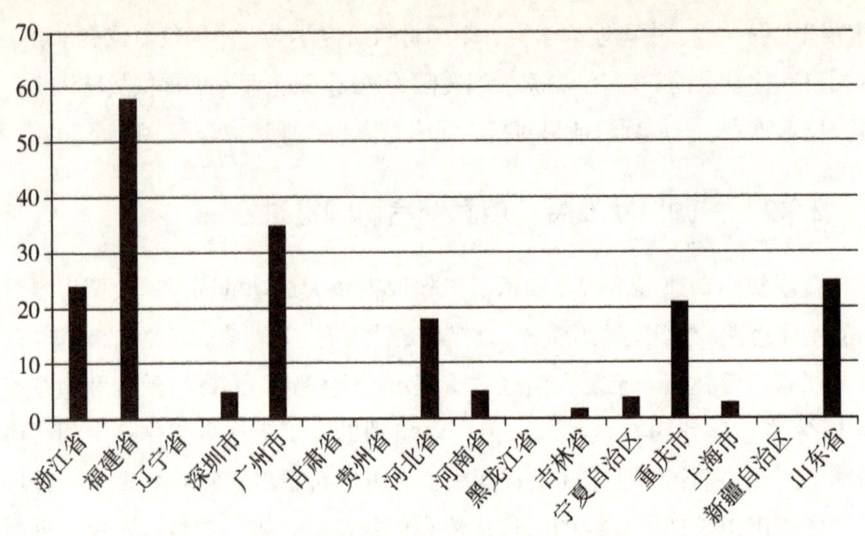

图 2–10　16 家创新驱动助力工程试点省市区项目落地数量情况

2015 年 4 月，中国科协确定将福建省列为创新驱动助力工程示范区，将泉州市作为创新驱动助力工程示范城市。2015 年 6 月 17 日，中国科协与福建省签署了实施创新驱动助力工程合作协议。创新驱动助力工程得到了省委、省政府的高度重视，省财政拨出专项资金 300 万元，用于支持 2015 年度各级学会专家与福建企业前期对接工作，闽清县等 9 个县（市、区）被确定为第一批省级创新驱动助力工程。截至 10 月底，全国学会和院士专家，共与福建省 200 多家企业交流洽谈，签订项目合作意向及协议 171 项，其中项目合作意向 131 项，项目合作协议 40 项，意向总投资约 48 亿元；建立产业会企协作创新联盟 3 个，学会协同创新基地 2 个，全国学会服务站 8 个，新建院士专家工作站 16 个（共 112 个）；与台湾科技社团签订合作协议 28 项，与国外科技社团签订海智项目 3 项，达成合作意向 12 项。据不完全统计，签订合作意向的项目已落地 58 项，总投资额 15 亿元，预计产生经济效益 30 多亿元。促成了福建（三明）“中国稻谷”“泉州制造 2025”等多个省内重大创新战略的落地实施。

浙江省科协积极探索助力工程长效机制，成效显著。财政支持方面，安排 780 万元，用于五大学会服务站、18 个学会服务企业创新驿站和 18 个架科技金桥、专家组帮扶项目；后续积极争取省政府支持，又批复 1000 万元省长专项经费支持省科协 2016 年助力工程试点，使试点经费累计达到 1780 万元。机制建设方面，省科协批复省级试点的 5 个单位已全部建立省级学会服务站并挂牌落实办公场所，实现了学会工作人员常驻的目标；其中已有 3 个成立协同创新领导小组，实行定期会议制度，并与牵头学会签订框架协议，明确服务站引进的人才、项目优先享受当地人才、科技方面的政策待遇。项目管理方面，注重项目绩效管理，五大服务站各超过 100 万元的项目均与省科协签订合同，省科协及时跟踪问效，强化合同管理和绩效考核，确保助力项目取得实际成效。

辽宁省以学术交流活动为平台，创新对接模式。省科协多次组织专家赴地方调研，深入 15 家企业，对技术难题进行攻关，与部分企业达成了合作协议。依托国家级学会——中国食品学会在辽宁举行会议，业内专家聚集的契机，省科协组织专家团队 13 人次与阜新市 6 家食品加工企业进行了对接洽谈，现场解决技术难题并签订多项合作协议。

河北省政府非常重视助力工程的实施。中国科协党组书记、书记处第一书记尚勇，河北省委副书记、省长张庆伟在保定市分别代表双方签署《关于实施创新驱动发展战略建设创新型河北合作协议》。根据合作协议，双方将实施创新驱动发展战略，发挥中国科协组织独特优势，推进京津冀协同发展，促进河北经济结构调整、产业转型升级，实现绿色崛起，以保定市作为试点，重点在建立创新驱动发展示范市、建设环首都现代农业示范带、服务创新型河北建设决策、加强河北公民科学素质建设等方面加强合作。

2.2.3　“链”状牵引，支撑产业转型升级

学会是科协工作的主体，既是助力工程的建设者，也是助力工程的收益者。根据《中国科协关于实施创新驱动助力工程的意见》，全国学会作为助力工程的主要实施方，要为地方提供高水平智力支持和科技支撑，搭建协同创新平台，服务地方加速经济转型升级；同时要集聚资源，提升自身工作能力。一年来，全国学会按照地方需求，积极组织推荐有

关院士专家组成具备解决需求的能力和水平的专家团队，一边开展服务，一边建立学会服务站等工作载体。在实施过程中，学会整合科研院所、高等院校、企业各类创新要素，通过智力纽带、技术纽带逐步辐射到经济纽带，为试点、示范地区提供技术、人才、项目服务，助力区域协同创新发展。

根据问卷回收统计，截至 2015 年 9 月 30 日，参与工程的 65 个全国学会已与省级科协开展了 110 次对接，与地市级科协开展了 273 次对接，对地方推荐的 1008 个企业进行了调研，参与调研的全国学会专家 1906 人次，促成签订 318 项合作协议，建立学会服务站（专家工作站）139 个，落地项目 81 项，项目金额 10.5 亿元。

中国科协分两批将参与助力工程的全国学会中的 12 个确定为试点学会（图 2–11、2–12），第一批 3 个：中国仪器仪表学会、中国纺织工程学会、中国国土经济学会；第二批 9 个：中国机械工程学会、中国煤炭学会、中国金属学会、中国复合材料学会、中国电子学会、中国食品科学技术学会、中国兵工学会、中国公路学会、中国茶叶学会。

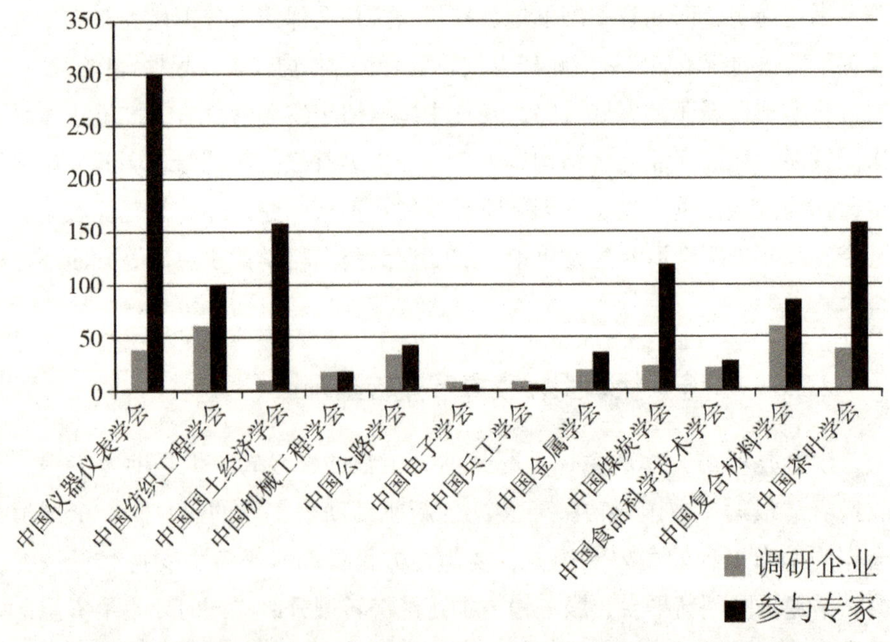

图 2–11　12 家创新驱动助力工程试点学会调研企业和参与专家数量情况

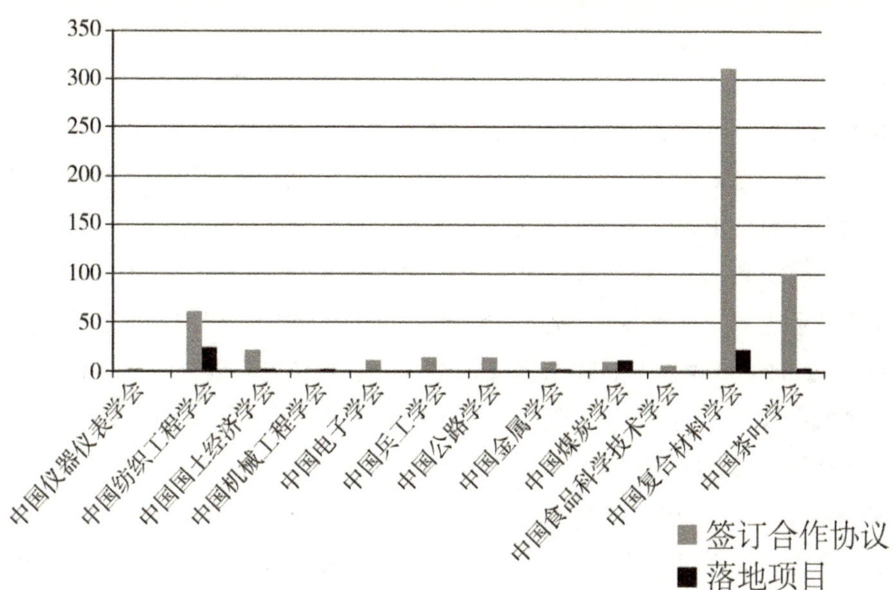

图 2-12　12 家创新驱动助力工程试点学会签订合作协议和落地项目数量情况

中国仪器仪表学会是助力工程首批试点学会之一。一方面，学会积极参与中国科协组织的“创新驱动助力示范城市”的调研活动，组织相关专家 30 人次，参加中国科协组织的 10 个创新驱动助力示范城市的调研活动，为各示范城市企业仪器仪表方面的需求献力献策。另一方面，学会扩大了原有的助力地方、企业发展工作的地域范围，并且在继续原有模式的基础上拓展了助力地方、企业的模式：考虑到专家时间比较紧张，利用理事会、分支机构开会之际，组织理事考察地方和企业，为地方及企业发展出力；鼓励学会专家利用自有技术优势，自行联系相关地方和企业，将技术成果应用于企业，同时企业也解决了自身难题，达到双赢的目的；继续原有的“科技到基层、进厂矿”活动，走入一线，提升企业员工技术能力；结合展览会，与地方科协联合开展助力地方产业发展的系列学术活动等。学会在原有“科技到基层、进厂矿”活动的基础上开展“助力石化行业测控技术行动计划” 的技术对接活动。2015 年已经分别在扬子石化（包含金陵石化、仪征化纤、南京化学集团公司）、胜利油田、吉林石化举办技术对接活动三次，内容包括“石油化工行业分析检测技术与仪器技术交流”及现场科技咨询活动，取得了非常好的效果，形成了双创局面。

中国纺织工程学会把组织模式创新、运行机制创新、管理制度创新、服务模式创新，作为学会参与创新驱动助力工程工作的重中之重。安排学会专职人员负责助力工程相关事宜，制定了《中国纺织工程学会创新助力工程实施意见》《中国纺织工程学会“中国科协创新驱动助力工程学会服务站”建设及项目管理暂行办法》等8个文件，规范工作流程。一年来，与7个省级科协和26个地市级科协通过面谈等方式对接，组织100余名纺织行业内专业水平高、热心学会工作的专家，调研了鄂尔多斯、绍兴等27个地市的63家企业，需求涉及棉纺、毛纺、纺机、服装等纺织行业的多个细分领域。与47家企业及地方科协形成合作意向，签订中国科协创新驱动助力工程学会服务站合作共建协议及中国纺织工程学会技术研发合作协议等25个，建立了16个学会服务站和8个专家对接交流微信群，线上线下为企业提供决策咨询、技术攻关、技术推广和人才培训等多种形式的服务。已形成落地项目10项，包括“化纤织物高速平幅练漂增白机”“云设智造DIY快时尚”等，项目金额总计1914万元。

2.3 助力工程取得的初步成效

在助力工程实施过程中，中国科协从自身发展定位出发，认真贯彻落实习近平总书记关于加快实施创新驱动发展战略的系列重要讲话精神，着力打通科技工作者进军科技创新主战场的通道，发挥科协所属学会的组织和人才优势，与地方联手打造创新驱动发展试点示范城市，组织全国学会带动科研机构和科技专家围绕地方经济转型升级和科技创新需求实施协同创新，促进科技成果、智力资源与区域经济发展深度对接，在地方经济建设的主战场发挥了生力军作用。仅仅一年时间内，助力工程就开创了地方政府、全国学会、企业和专家多赢的新局面。

2.3.1 拓展科协特色协同创新网络平台

创新驱动助力工程的实施，是科协作为科技社团开展产学研对接工作的组织创新和管理创新，它为基层政府部门和地方企业对接国家级科技智力资源拓展了渠道。地方企业在发展中遇到的难题很多，尤其一些中小企业长期苦于与高校、科研院所等国家队之间存在的技术势差而求助无门。助力工程通过组织全国学会专家走访企业、开展科技创新需求对接活动、建立学会服务站（院士专家工作站、院士专家服务中心、成果转化基地和创新联盟等）等交流渠道，构建了具有科协特色的科技创新协同网络，缩短了基层和国家级学会、院士和专家的空间距离与心理距离，加强了协同合作关系，为基层政府和市县企业“寻医找药”“求艺拜师”搭建了平台，也为学会专家掌握需求、开展成果转化提供了契机。同时，学会作为国家创新的组成部分，在实施助力工程的同时，分支机构也在增加，与学会的专家关系更加密切，学会的专家库、项目库得到扩容，学会的服务能力得到了提升。根据问卷回收统计，一年来，参与工程的 65 个全国学会已开展了 440 场咨询服务活动，建立学会服务站（专家工作站）139 个，建立学会分支机构 64 个，建立助力工程项目和人才数据库 60 个，入库项目 514 个，入库专家 6113 名。

中国科协学会学术部和学会服务中心作为助力工程的具体实施牵头与组织单位，既宏观指导，也中观协调，积极构建科协系统助力工程线上线下交流平台。2015 年 1 月，两部门联合在腾迅 QQ 上建立了“创新驱动助力”500 人规模的交流群，截至 10 月初，群内实名用户达 280 多人，日均在线用户 180 人左右；围绕助力工程的一些组织方法、通知通告和具体各地技术需求都在群内得到了及时回应。例如，浙江绍兴科协提出的三个企业技术问题就被陕西咸阳科协联系西安交大的老师解决了。

2015 年 2 月，中国科协在官网上设置了“创新驱动助力工程——凝聚学会力量，服务地方发展”的网站专栏。专栏用工作动态、试点示范、通知通告和政策参考等子栏目将助力工程呈现在网络上，成为科协助力工程工作平台。2014 年底，两部门还按照专报形式编辑了《创新驱动助力工程进展情况月报》，一年内已经出了 12 期，月报板块也逐渐丰富，从第 1 期的“总体情况、重点推进、各地反馈、信息交流”四个栏目到第 12 期的“总体情况、重点推进、创新驱动示范市情况、创新驱动助力工程试点学会工作情况、省级科协开展创新驱动助力工程试点情况、其他全国学会和地方科协推进情况”六个栏目，月报内容越来越丰富，对工程实施的交流借鉴作用越来越大。

在线下平台建设方面：2015年2月11日上午，中国科协举行了创新驱动助力工程洽谈活动，来自32个全国学会和24个地方科协的107名代表参加，这场活动既是中国科协组织的首场对接活动，也是助力工程的第一次宣讲活动。从2014年10月13日～14日河北保定开始，到2015年9月23日～25日甘肃庆阳结束，中国科协共组织了36场助力工程调研对接会。

2.3.2 加速了区域转型和产业升级步伐

《中国科协关于实施创新驱动助力工程的意见》提出助力工程服务的首要内容就是为地方区域经济发展提供咨询建议。一年来，在“十三五”规划即将面世的大背景下，区域发展既有地方政府积极需要，也有全国学会主动作为。在充分调研的基础上，相关学会根据国家政策导向，结合地方实际情况，发挥学会人才荟萃、智力密集、熟悉学科发展和技术前沿、获取最新信息快等优势，对地方区域发展战略、产业发展升级规划、重点产业升级技术路线图等提出专业意见或建议，帮助地方解决重大战略中的关键技术问题。按照地方需求，帮助示范区解决优势资源科学开发和高效利用、生态修复和建设、环境保护、城市规划、传统产业升级改造等重大战略中的关键技术问题。

钢铁企业的传统生产方式与雾霾生成有着密切关系，山钢集团由于以霾为主要元素的生产污染得不到根本治理，几次接到济南市的“逐客令”。得知情况后，国土经济学会、国土经济研究中心联合另一会员单位——辽宁万和集团，提出与山钢共同开展“中国国土空间低碳抗霾对策与‘霾捕捉’技术实验研究”并共建首个工业“霾捕捉”模式的“全国低碳国土实验区”基本思路。以基础条件较好的济南分公司为试点对象，以粉尘污染物“准零排放”为目标，开发霾捕捉技术，建设一批霾捕捉项目，巩固加强余热余能梯级利用循环链、水梯级利用循环链、固体废弃物再生利用循环链技术的应用，并进一步改造提升生产工艺和装备水平，配套完善节能减排关键装备和设施，进行钢铁企业全产业链流程低碳结构优化、供应链低碳精益优化、碳中和进入市场等创新探索与实验，分阶段实现避霾、降霾、除霾、低霾、无霾的抗霾目标，让广大职工和周边社区居民远离雾霾侵扰，实现与城市和谐共生、友好共赢，同时，为钢铁企业环境治理、降霾除霾积累经验。

2014 年 5 月，中国电子学会与天津排放权交易所签署战略合作备忘录，并成立节能减排金融服务专项工作组。以天津为区域试点，围绕经济结构转型和产业升级的要求，率先构建产业、技术、企业和金融资源之间的相互支持和可持续发展的模式，并通过不断优化和调整，形成一整套成熟的经验、方法和模式，向全国进行示范和推广。

在中国食品科学技术学会的推动下，沙县小吃集团有限公司、沙县小吃同业公会分别与福建省食品科学技术学会、福州大学食品科学技术研究所签订合作协议，尝试“会企”合作新模式。学会副理事长、中国工程院院士孙宝国教授专程赴沙县，对沙县小吃产业转型升级提出建议，并就在沙县建立院士专家工作站等项目合作进行了交流。

2.3..3　帮助一批科技企业解决发展难题

一年来，助力工程既帮助了一些大企业解决战略发展问题，更是帮助了一批科技型中小企业解决了很多具体技术问题。现在中小企业在整个经济成份中所占比率在 90% 以上，中小企业技术含量的上升，对一个地区的经济、就业有重大贡献。相比大企业，中小企业对于技术需求更为迫切，但是局限于自身的规模和科研能力，对技术的需求并不像规模化企业那么高端，但是实际生产的改变更加需要技术创新来支持。全国学会通过建立学会工作站、联合实验室、专业委员会、产业联盟等方式，与中小企业通力合作，发挥其专业委员会及会员单位优势，在政策、行业发展信息共享，技术人员培训，技术难题研发，行业标准制定，招商引资开展、畅通企业产品销售渠道等各方面为中小企业提供了科技支撑。

在把握中小企业需求方面，试点地区科协和省级学会有着天然地域优势。芜湖市科协在实施过程中提出“需求引领，小中见大”的服务解决方案。他们深入了解企业需要什么类型的专家和技术，根据信息来核对省级及市级学会的专家资料，通过精准对接，来实施技术联动开发，利用省级学会和省内高校资源实施创新驱动。例如，芜湖诚德农业科技有限公司，则是通过企业了解了准确的专家信息，由此联络安徽省畜牧兽医学会引导专家进行企业考察调研，经过双方了解之后，不仅在芜湖诚德农业科技有限公司成立了安徽省畜牧兽医学会的学会服务站，还通过学会引导安徽农业大学同企业签订协议，成立芜湖畜禽产业技术研究所进行技术合作。通过这种方式打开了中小企业创新驱动的新局面，多家企业积极主动表示需要此类对接来实现企业技术发展。

2.3.4 提升了学会和专家成果转化效率

学会是国家创新体系的重要节点，学会本身及其会员单位和专家掌握了一大批科技成果。创新驱动助力工程的实施，加速了全国学会科技资源的开发，为多年躺在实验室、研究所中的科研成果、专利技术找到了转化为生产力的一个新的平台，推动了国家级学会与企业的深度合作。科技成果的转移转化路径长、形式多。初步统计，截至10月份，全国学会已有62项较重大的科研成果在助力示范区得到了转化、试用，大大提升了学会成果转化效率。

2014年11月25日～27日，由中国茶叶学会、陕西省农业厅主办，咸阳市人民政府承办的2014中国茶叶学会团体会员会议在陕西省咸阳市举行。本届会议以“科技创新·产业发展”为主题，共有来自全国23个省、直辖市以及香港、台湾等地区在内的的科研院所、高等院校、茶业管理部门、茶叶企业、茶叶社团、特邀代表及30余家媒体共1000余名代表参加会议。本次年会上的“2014中国茶叶学会年会展”，包括了“中国名茶之乡”风采展示、第三届“国饮杯”全国茶叶评比获奖茶样展示、最新技术成果发布展示，以及全国16所高校，554位茶学应届毕业生参与的人才交流展示。

由中国科协和广州市政府共同主办的“首届中国创新科技成果交流会”（以下简称科交会），于5月22日～23日在广州白云国际会议中心成功举办。在7000平方米的主展场，共有675个参展单位，1100个创新科技成果项目，分为生物医药、电子信息、新材料、智能制造、仪器仪表等14个专业板块和北京、天津、上海、广州、俄罗斯、港澳台6个地区板块进行展示。超过1万名观众进场参观。同时举办科技沙龙、现场考察等多种形式的行之有效的落地对接活动，以促成创新科技成果项目转化落地。科交会期间，共促成了 26 项创新科技成果项目转化落地并签订协议，涉及金额达 45 亿元。另外还有 100 多个项目在会上和会下达成对接合作意向。中共中央政治局委员、国家副主席李源潮同志亲临展会调研，充分肯定了科交会的相关工作。

依托中国机械工程学会自筹资金设立的"绿色制造科学技术进步奖"，每年对依靠科技创新在绿色制造领域、节能环保方面做出优异成绩的制造企业（中国大陆）给予奖励。自奖项设立 5 年来，经业内专家评审，共有 38 个企业申报的项目脱颖而出，获得奖励和免费技术推广，已累积发放奖金 200 余万元，印制技术推广宣传画册，向学会各理事会及单位会员等有关单位发放，推荐宣传获奖单位的优秀成果。2015 年，又有大型锻件的绿色制造、发动机再制造等 9 个项目获奖，这些获奖项目将在我会 11 月份召开的年会上设专题予以推广。

2.3.5　激发了科技工作者创新创业热情

助力工程的实施既为高校科研院所的科研工作者也为企业一线的科技工作者搭建了创新创业平台。助力工程中项目的落地和成果的转化，推进科技创新资源、创新成果与经济发展深度对接，打通产业链、建立服务链、完善利益链。学会专家与企业共同谋划，开展全链条、保姆式服务，使企业的核心竞争力和自主创新能力明显增强，极大地激发了创新团队、创新人才的创新热情，为科技创新建设注入了强大的动力。

为鼓励"大众创业、万众创新"，助力天津制造业发展，2015 年 6 月 26 日下午，中国机械工程学会理事长、中国工程院院长周济院士率领由中国机械工程学会的院士组成的专家团队考察了位于北辰科技园的天锻压力机有限公司，区委副书记、区长高学忠，区委常委、副区长徐华陪同考察，周济理事长指出，北辰具有良好的制造业基础，近年来在创新驱动、转型升级等方面取得了突飞猛进的发展，希望北辰抓住"中国制造 2025"的历史机遇，促进制造业进一步向数字化、网络化、智能化方向发展，推动科研成果顺利转化为现实生产力，为北辰、为天津的机械制造业发展贡献力量。

按照中国科协与深圳市政府共同签署的《战略合作框架协议》中关于建设"中国科协深圳海外人才离岸创业基地"（以下简称离岸基地）的要

求，提出该离岸基地的建设运营方案。基地将以体制机制创新为先导，以市场需求为推动力，以专业化服务为手段，通过采用官助民办的运作模式，发挥民间资本的活力优势，以人才辨别、引进服务人才，打造离岸与落地相结合、立足深圳服务全国的海外创新资源聚集平台。力争在3～5年内将深圳打造成为具有国际影响力的海外创新资源汇聚中心、创业项目加速中心、创客人脉交流中心，建设成为具有国际话语权的项目发展咨询中心、项目人才储备中心、项目成果发布中心。2015年5月，尚勇书记亲临深圳为离岸基地揭牌并在揭牌仪式上指出，创新资源最容易向创新生态最优的地方流动，而深圳是世界上创新最便利、最有活力、最有效率的地方，将来必然要成为世界知名的创新创业中心。

创新驱动助力工程鼓励大众创业、万众创新，为科技工作者创新创业提供针对性的服务。与国家发改委等单位联合举办“全国大众创业万众创新活动周”，为优秀创新创业项目和创新创业人才提供展示平台。

第 3 章　创新驱动助力工程创新工作模式分析

为了更好地总结和推广创新驱动助力工程经验，需要将助力工程实施一年来数百家参与单位的工作开展方式、典型案例、主要成效进行收集分析和加工提炼，争取形成易理解、可复制的助力工程创新工作模式。

3.1　助力工程创新服务网络模型

国家创新系统是一个国家所有创新要素的有机联系、相互作用所构成的社会网络系统。国家科技创新体系主要由创新主体、创新资源、创新环境、创新基础设施、内外互动界面等要素组成。这些创新要素在科技社团与中介机构的服务和引导下，相互作用，形成了更强的科技知识产生、传播和应用的环流，生产出更多受到市场认可的创新产品，推动国家科技、经济、社会更快、更好发展。

2014 年 9 月，中国科协启动实施创新驱动助力工程，主要目的是发挥全国学会与地方科协的人才和组织优势，围绕增强自主创新能力，通过创新驱动助力工程的示范带动作用，引导学会在企业创新发展转型升级中主动作为，在地方经济建设的主战场发挥生力军作用。一年来的实践表明，创新驱动助力工程是加速“自主创新、重点跨越、支撑发展、引领未来”的创新型国家建设的重要举措，它引导和支持资金、技术、人才和信息等创新资源更快更多地向实施工程区域的企事业单位创新主体集聚，对完善国家科技创新体系尤其是区域创新体系和以企业为主体的技术创新体系作用明显。

一般来说，在科技创新体系中，各创新主体分工不同：大学和研究机构通过基础研究和应用研究发现、创造新知识；科技中介服务机构和科技社团通过组织各种形式的产学研对接、学术交流活动为新知识、新技术的传播及应用等提供服务；企业通过将新知识、新技术植入产品的活动，实现对新知识、新技术的应用，进行知识产业化，最终实现科技的市场化；各级党委政府通过制定和实施相应的财政、金融和税收政策，营造有利于知识和技术流动的环境。

全国学会和地方科协作为科技社团的重要组成，是政府、企业、大学和科研机构科技人力资源汇集的枢纽型组织，对科技创新体系起着启迪创新思维、加速知识流动的重要作用。在创新驱动助力工程参与下的科技创新体系中的知识流动网络模型如下图所示：

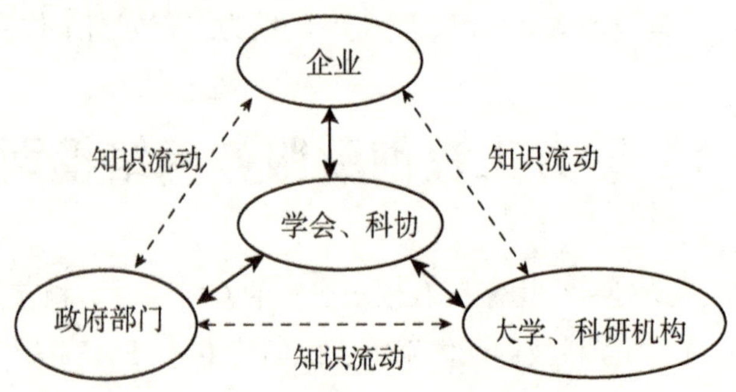

图 3–1　助力工程创新服务网络模型图

在创新驱动助力工程创新服务网络体系中，学会和科协通过举办各种活动，将企业、地方政府、大学、科研机构之间的知识供给和需求进行了引导与对接，使得知识在各个组织节点之间构成流动的平面，如同地球仪上的纬度线；与此同时，全国学会和各级科协组织形成上至全国学会的高层专家知识储备，下至地方企业具体需求的技术梯次，如同地球仪上的经度线，各类科技知识、人才等创新要素在经纬线内流动，当这些要素的供给和需求在各类创新主体中相交，则形成了一个个助力工程网络节点。

在创新驱动助力工程网络体系中，根据研究的视角不同，助力工程的实施可以分为两大类模式：一种是要素流动平面观察法，即在同一个以知识流动为主的平面内，按照创新要素作用方式划分的助力工程创新协同加速模式；另一种是资源对接立体观察法，即围绕知识、信息、金融、政策和人才等科技资源，企业、地方政府、学会和科协等创新主体与区域、产业之间进行的助力工程对接融合发展模式。

3.2　助力工程创新协同加速模式

助力工程创新协同加速模式是工程实施一年多来，各地活动中比较普遍出现的一种态势，这一大类模式又可分为创新主体主导模式、创新资源汇聚模式、创新环境优化模式 3 类具体模式。随着社会、经济和技术的发展以及助力工程实践的不断深入，更多新的工作模式也在不断涌现，它们有的是这 3 类模式之间的组合，有的是新的拓展模式，这使得创新协同加速模式呈现出“3+X”的开放式发展趋势。这些模式与下文总结的助力工程组织形式、助力方式等类似，相互叠加融合，不断呈现出助力工程的效率和效果。

3.2.1　创新主体主导模式

助力工程中涉及的创新主体包括政府、企业、科研院所、高校、公共服务机构（学会和各级科协组织等），其中企业是技术创新的主体，高校和科研机构是知识创新的主体和依托，政府是科技创新软硬件的营造者和维护者，科协组织是沟通科技创造和科技流动转换的“桥梁”和“纽带”。从助力工程创新主体投入角度看，创新主体主导模式又可细分为政府投入主导和企业投入主导两种模式。

3.2.1.1　政府投入主导模式

政府投入主导模式中（图 3–2），助力工程需求来源于国家战略部署的经济发展、区域协调发展、产业战略布局等，例如，中国制造 2025、“互联网 +”行动计划、京津冀一体化、一带一路、“宽带中国”等，政策上对相关行业、产业以及区域做出明确的投入规划和计划。在这种模式中，政府是助力工程的主要投入主体，提供资金、政策等积极支持工程的发展。地方科协围绕政府潜在或直接需求，提供各种服务，如政策解读、需求对接联络等，协助政府将政策落实。

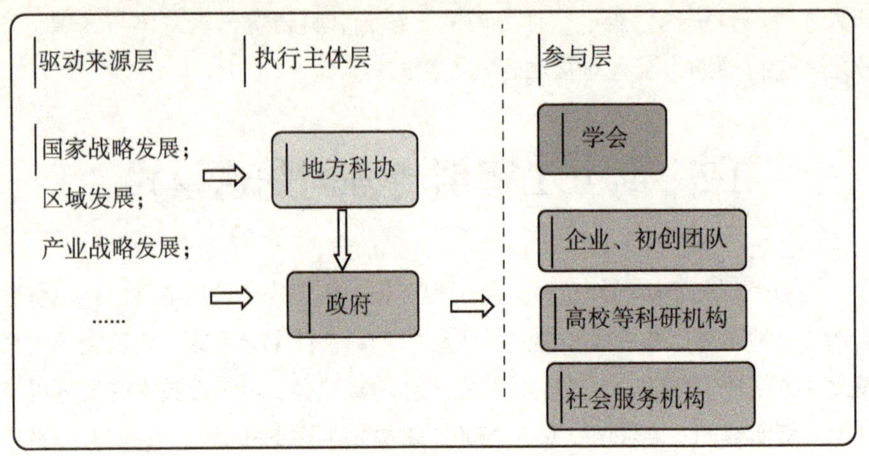

图 3-2　政府主导投入模式运行示意图

政府投入主导模式的运行特点是："政策支持，整体协同，效益显著，服务及时。"

保证该模式运行的关键是：充分利用地区或产业资源优势，聚焦区域或产业发展优势或急需解决的重大问题，整体研究并推动解决区域发展或产业链上下协同发展亟需解决的技术、人才、市场的问题和需求。

案例支撑：

（1）鄂尔多斯市创新驱动助力工程。鄂尔多斯市邀请全国学会 100 余位专家赴市内各类企业和农户洽谈对接数十次，向企业和农户提出各类技术指导建议数百条。中国纺织工程学会、中国科学院长春光机所分别与鄂尔多斯羊绒集团和莱福士光电科技公司签订了关于合作共建协议和技术开发的合同。成立了鄂尔多斯市内蒙古康宁爆破有限责任公司煤矿开采技术院士专家工作站和蒙古高原绒山羊高效生态养殖研究院士专家工作站。与四川大学签订了"高分子材料产学研基地"合作协议。

（2）谷城县大力实施"企业创新升级工程"。谷城县拿出百万元重奖技改投入大的企业，鼓励企业建设技术创新中心，提升开发能力。目前，全县已拥有国家级企业技术中心 1 家，省级企业技术中心 5 家。以引进院士专家等高端人才为着力点，推动企业加快自主创新步伐。该县先后建成三环车桥、金洋冶金、三环锻造、骆驼公司 4 家院士专家工作站，成为全省建站最多的县（市）。湖北三环车桥有限公司充分发挥工作站作用，与院士及其团队签订了“锻造生产线自动化现场总线控制系统切边精整机器人”等 11 个产学研技术合作项目，推进了企业工艺、产品、市场由低端向高端的彻底转型。据统计，4 家院士专家工作站为企业提出 50 余条科学化合理建议，达成合作意向 40 多个，签订合作项目 31 项，与企业创新团队共同开发专项技术 23 个，转化研制新产品 25 个。

3.2.1.2　企业投入主导模式

企业投入主导模式中（图 3–3），驱动要因来源于企业技术发展过程中的升级革新、顺应市场变化的管理创新、商业模式创新等。全国学会在地方科协的邀请下，根据企业提出的具体需求，组织专家快速实现对接。该模式采用灵活的工作方式和手段，主要是快速解决企业创新过程中遇到各种瓶颈问题，以创造明显的经济效益。

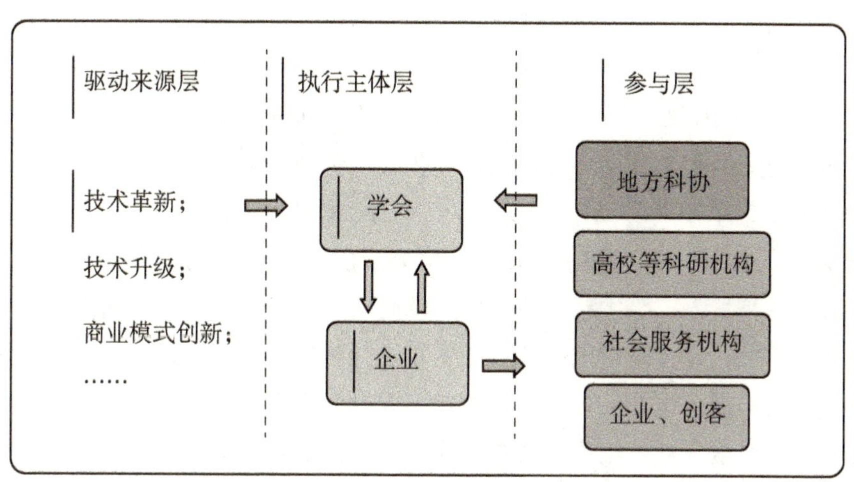

图 3–3　企业主导投入模式运行示意图

企业投入主导模式的运行特点是：“按需投入，精准帮扶，重点突出，服务高效。”

保证模式运行的长效机制：创建学会服务站、产业联盟等，帮助企业抢抓市场机遇，激发创新内生动力，增强企业创新活力，积极推动产业转型升级。

案例支撑：

（1）保定市创新驱动助力工程中“中国汽车工程学会创新服务基地”。长城汽车股份有限公司是保定市的龙头企业，中国汽车工程学会在学术交流、技术创新战略联盟、产业研究和政府服务、汽车产业等方面均具有优势。

"中国汽车工程学会创新服务基地"确立了学会与企业的长期合作，学会发挥专家库的资源优势和行业权威性，为保定乃至河北的汽车行业提供咨询服务，推动汽车工业科技进步，帮助培养汽车行业人才。基地帮助长城汽车股份有限公司解决生产、研发和企业创新中遇到的困难和问题，共同促进保定汽车产业实现新的更大突破，推动京津冀协同发展，促进保定产业转型升级、创新发展。

（2）中国纺织学会创新驱动助力工程推动成立产业创新联盟。中国纺织学会结合纺织行业区域聚集的特点，组织专家到各区域调研纺织龙头企业，详细了解企业生产经营情况和技术需求，在企业建立学会创新中心，及时为企业答疑解惑，向企业介绍国际国内纺织行业的最新成果、发展现状和存在的问题。中国纺织工程学会与福建省相关企业、高等院校和省级学会共同发起成立福建纺织产业会企协作创新联盟，共同助力福建省纺织产业迈上新台阶。

（3）中国仪器仪表学会"科技到基层、进厂矿"活动。该活动自2009年起已经开展了近6年的时间，但在"创新驱动助力工程"实施前，活动主要集中于一、二线城市，并且没有明确的主题。自2014年底"创新驱动助力工程"实施后，根据行业优势及企业、地方需求，确定了以"石化行业测控技术"为主题，活动地点转向三、四线城市，并根据当地企业的技术需求，有针对性地邀请行业专家进行对接，解决问题的速度得到提升，间接提高了企业的效益，模式在不同行业间也具有可借鉴性。目前，此类技术对接活动的工作方式与运作机制都已成熟。具体而言，在进行技术对接活动之前，会先安排人员进行需求调研，之后针对性地寻找专家，且在技术交流会的基础上，专门安排专家进行具体问题项目的现场咨询，力争切实解决企业的技术问题。

3.2.2 创新资源汇聚模式

创新活动实质上是创新主体对创新资源进行合理配置，实现创新产出的最大化过程。创新资源主要包括人才、技术、信息、资本等要素，助力工程在"助力"两个字上真正达到加速创新资源向创新主体聚集。创新资源汇聚模式按照创新资源，还可分为人才汇聚模式、资本汇聚模式、成果汇聚模式、信息汇聚模式等。

3.2.2.1　人才汇聚模式

人才汇聚模式中（图 3–4），驱动要因主要来源于创新主体对各类人才的需求，科协组织通过院士工作站、专家服务站等各种工作方式和手段，加速创新人才向创新主体聚集的模式。知识经济下的创新驱动实质是人才驱动。科协组织是中国科学技术工作者的群众组织，是创新人才的活动枢纽和重要网络节点，在实施人才驱动战略中具备天然优势，也是我国长期以来开展人才驱动创新的主要力量。

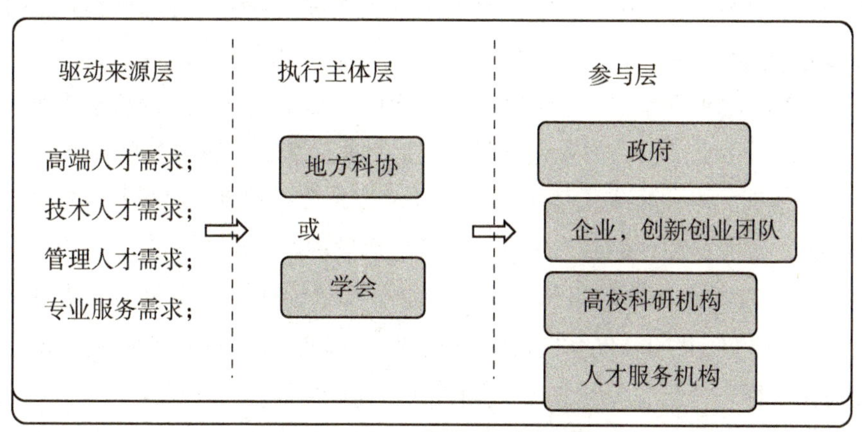

图 3–4　人才汇聚模式运行示意图

人才汇聚模式的运行特点：“体系健全，优势显著，层次分明，服务专业。”

保证该模式运行的长效机制：科协或学会通过提升自身服务的专业化能力，在企业发展急需的人才评定、技术咨询、标准制定、专利服务等方面提供专业化的服务；通过建立区域或企业的院士专家工作站、学会服务站、产学研基地等工作方式，加速推动企业人才创新。

案例支撑：

（1）地方科协推动院士工作站建设与服务。在湖北省科协、襄阳市科协等单位的大力支持和帮助下，湖北江山重工有限责任公司与华中科技大学杨叔子院士合作共建了院士（专家）工作站（以下简称工作站）。通过开展此创新项目，企业制定了《院士工作站管理办法》等五项规章制度，成立了工作站组织机构，明确了科研创新项目合作流程、管理要求和项目推进保障要求。对企业培养科研技术人才、提升设计和工艺技术水平起到了较好的促进作用。多名科技骨干通过参与此项目提升了业务水平，其中有多名80后设计人员通过竞聘走上项目副总设计师的岗位。利用工作站的影响力，高端人才引进实现“破冰”发展，成功引进1名博士和3名工程机械领域的高层次技术人才。同时，为公司产学研联合开展科技创新机制积累了宝贵经验，完善了合作机制、合作流程，明确了知识产权归属、受益分配、商业保密等事项。此项目的成功实践为企业全面实施拟定的五个领域合作创新研究打下了良好的基础。现企业已与院士团队开展了“随车起重机优化设计开发项目”和“火箭炮智能化装填机器人项目”的合作研究，并且特聘了中科院院士、华中科技大学机械科学与工程学院院长丁汉作为企业技术首席，成功拓宽了公司高层次人才事业平台。

（2）中国公路学会与交通运输部管理干部学院共同推动行业专业人才队伍培养。交通运输部管理干部学院是交通运输部直属的在京事业单位，集干部培训、专业技术人员培养、远程教育、合作教育、科研与政策咨询为一体。双方就职业教育与培训方面开展以下内容的合作：① 共同开发职业教育培训项目；② 积极组织会员参加合作培训项目；③ 相互推荐优秀培训师资；④ 共同开发系统职业培训课程，研究、编写培训教材；⑤ 利用远程教育平台开展多种形式的合作。

（3）襄阳万洲电气设置产学研办公室。办公室明确了由公司董事长为组长的工作站领导小组，出台了办公室管理办法，以保证办公室的正常运行与效能，同时积极开展对外合作，建设多层次产学研合作平台，让生产和科研有机融合；促进公司平台与外部资源建立实质性的项目合作关系；通过产学研平台为企业培养高素质的人才。万洲电气产学研平台主要通过五个层级来开展工作：第一层级：利用企业院士专家工作站，获取高智力资源。第二层级：与多个高校开展合作，让生产与科研有机融合。第三层级：首创行业专家制度，打造中国系统节能专家型团队（万洲电气从知名高校、研究设计单位和行业重点企业选聘了一支高素质的行业专家团队，囊括了水泥、木业、钢铁、化工等行业的业内专家，与其签署聘用协议）。各行业专家负责利用个人专业知识和行业经验，为该公司节能系统的持续开发和推广运用，提供直接技术指导，并利用相关资源，主动搜集所负责行业在设备节能、工艺管控优化节能、管理策略优化节能等方面的节能技术、技巧、策略、方法和知识，以及所在行业对节能系统功能定位与性能要求方面的意见建议，每半年提供一份《行业综合节能技术报告》，以便该公司及时改进和完善节能系统，适时引荐该公司参加行业内有较大影响的活动和先进节能技术应用的考察学习机会，更好的推动节能系统的发展与应用。第四层级：借助外部力量，让专业的人干专业的事。第五层级：结合用户需求，提升用户体验。

3.2.2.2　资本汇聚模式

资本汇聚模式（图 3–5），驱动要因主要来源于科技创新过程中不同时期对资本的需求，地方或学会通过申请或利用财政政策、协同产业上下游、引导社会资本等各种工作方式和手段，加速资本向企业等创新主体聚集。持续资本投入是自主创新的需求，尤其是随着我国金融体系的健全逐渐活跃和发展，助力工程引入 PPP 模式、广泛开展科技金融对接、金桥工程种子基金等工作方式，引导财政资金和社会资本向企业等实体加大创新投入力度，为初创期企业提供创业风险保障，推动创新创业科技金融产品和服务。

资金是创新创业的血液，融资困难往往是企业发展过程中遇到的最大障碍。科协组织推动区域搭建科技金融体系不仅有利于促进科技成果在当地的产业化，还可以促进高技术产业化形成一套较为完备的制度功能体系。针对中小企业需要的小额贷款、担保租赁、新的金融产品等都需要政府的引导，特别是在市场失灵的早期投资阶段，科协组织更需要发挥引导作用和示范功能。

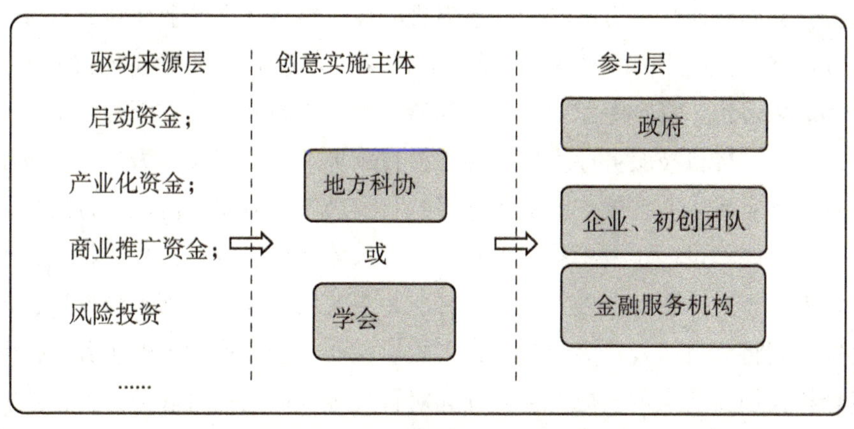

图 3–5　资本汇聚模式运行示意图

资本汇聚模式的运行特点:“市场主导,阶段投入,有理有节,帮小扶微。”

推动资本汇聚模式运行的长效机制：在符合市场发展规律的前提下，充分发挥市场对资源配置的主导作用，帮助创新创业团队、企业对接国家新兴产业创业投资引导基金,重点支持处于“蹒跚”起步阶段的创新型企业;建立引导区域企业和社会群众自主投入科技创新的机制；通过企业诊断，引导社会资本助推技术创新。

案例支撑：

（1）风险投资参与银企合作。保定作为首个创新驱动助力示范市，市科协分别与中国邮政储蓄银行保定分行、中国银行保定分行签署合作协议，建立了战略合作关系。在科技金融的合作上取得了实验性成果。一是围绕示范市建设，多次开展了科技型小微企业与银行见面会，拉近了科技型中小企业与银行的距离。二是正在共同筹划成立科技补偿基金，建立风险分担机制，进行创新性的融放贷合作。三是开展科技类贷款评审工作合作，探索科技型小微企业贷款抵押新模式。四是围绕龙头企业上下游，拓展金融合作范围。实验阶段，中国邮储银行对河北荣毅集团公司在“农村电网改造项目”上给予金融扶持达成意向，对河北康隆韦尔公司智慧医疗物流服务平台项目给予金融扶持，对河北晨阳工贸集团公司提供3亿贷款，并从晨阳水漆上下游合作企业中，择优给予定向支持；中国银行对中康韦尔大气监测“天坤系统”项目也给予了金融扶持。

（2）北京市科协与华夏银行在北京市举行了战略合作协议签约仪式。双方就共同搭建投融资平台，携手促进科技成果转化和产业化达成一致。双方将进一步发挥科协科技资源优势和银行融资优势,在大学生创新创业、专利成果转化、科技专家资源服务和科技项目资源共享等方面开展融资合作，通过支持科技服务业发展、促进科技成果转化等工作，为广大科技工作者发挥聪明才智搭建广泛的工作平台，实现互利双赢。协议签订之后，北京市科协将进一步发挥自身学科齐全、人才荟萃、专业密集的特点，整合首都科技人才资源，发挥桥梁纽带、业务龙头、服务管理平台作用；华夏银行则将为科协及广大科技工作者提供优质、全方位的金融服务，探索符合科技创新特点的金融产品，加大对科技服务业的金融服务力度。双方将共同发挥各自优势，建立全面、长期的战略合作关系，为广大科技工作者谋事创业搭建平台，为加快促进科技成果转化，推动首都科技服务业发展和全国科技创新中心建设，服务国家创新驱动发展战略作出更大贡献。

3.2.2.3 成果汇聚模式

成果汇聚模式中（图 3-6），地方科协联合学会以推动科技成果向现实生产力转化为宗旨，具体开展技术开发、技术转让、技术咨询、技术服务、技术承包；生产或经销科研中试产品和科技新产品；组织和开展技术成果的推广与应用等，实现创新发展。创新驱动最为直接的目的是将科技成果转化为现实的生产力。加强技术成果转化服务体系和市场机制建设，能够促进科技创新经济效益的提高。

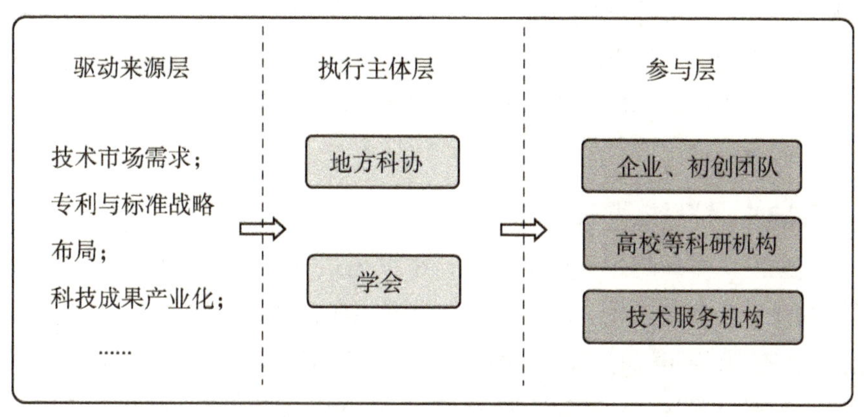

图 3-6 成果汇聚模式运行示意图

成果汇聚模式的运行特点：“立足长远，牵线搭桥，供需协同，促动产业。”

促进成果汇聚模式运行的长效机制：探索推动构建科技成果转化的体系，包括搭建成果转移转化平台、成立技术转移中心、建立科技成果转化专家服务站等，通过这些载体和桥梁进行技术转移的分析、实施、评估等。同时建立技术交易市场、中介机构等平台，对各机构进行扶持。完善科技服务市场的交易规则、技术转化和知识产权保护的法律法规，引导科技服务转化体系向制度化、现代化、国际化的方向发展。

案例支撑：

（1）北京市科学技术协会依托中关村天合科技成果转化促进中心。中心搭建了北京市科学技术协会科技成果转化平台，引导和支持科技社团积极参与以企业为主体、市场为导向、产学研结合的技术创新体系建设。

通过推动科技社团与中关村天合科技成果转化促进中心（以下简称天合转促中心）签订合作协议，把科技社团的资源畅通有效地对接到科技成果转化平台上来。现已有 28 个科技社团与平台进行对接。科技社团将积极为平台建设提供推荐专业领域的专家做天合科技系统（T-CAM）评价师、推荐专家作为相关专业项目评价组成员、承担该平台相关领域科技成果转化的专业评价任务、推荐专业领域的创新科技成果等智力支撑。天合转促中心利用科技社团的资源，提供科技成果市场转化评价服务、重大科技产业项目促进服务、科技转化促进活动组织服务、科技成果进行市场化产业化推广服务以及讲座、培训服务，积极协助支持科技社团将科技成果、项目在平台落地。通过建设科技成果转化平台，为广大科技工作者进入经济建设主战场发挥作用提供通道，为科技社团在科技服务业中发挥作用、指明方向，进一步探索科协工作规律，发挥市场资源配置作用，开展科技成果转化工作创新模式。

3.2.2.4 信息汇聚模式

信息汇聚模式（图 3-7）是指科协组织充分发挥网络化组织特征优势，通过搭建平台和信息化手段，加速信息资源在各创新主体之间的流动，建立与市场需求相匹配的创新资源的模式。在互联网技术快速发展的环境下，科协组织通过采用门户网站、社交网络、定制移动应用等信息化手段，通过网络、移动终端将信息推送到网络组织的每个角落。

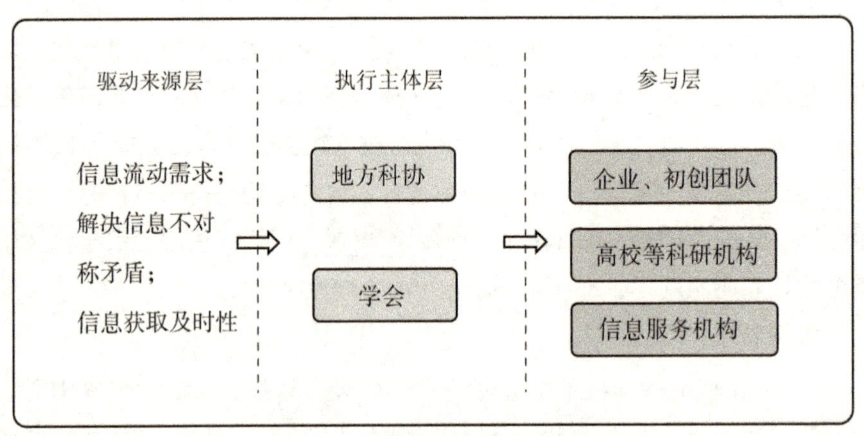

图 3-7 信息汇聚模式运行示意图

信息汇聚模式的运行特点:“手段创新,与时俱进,分享快捷,善破边界。”

保证模式运行的长效机制：建立信息采集渠道；开拓更多信息推送方式，尤其是精准推送的方式；通过会员制、服务单勾选等方式，实现信息服务价值化。

案例支撑：

（1）“企会宝”平台。“企会宝”是中国复合材料学会在学会服务站－青年专家工作站、会地协作平台建设、科技示范基地评价、科技信息数据库等创新驱动工作基础上建立的一种信息化的在线沟通平台，以技术咨询、专利转化、成果推广、政策支撑、军民融合、产业链为维度，以经济性（Economy）、效率性（Efficiency）、效果性（Effectiveness）为考量的多维度 3E 模式—创新驱动服务企业机制，以手机 APP+WEB 网站的方式，整合学会的专家资源、企业资源、产业链库信息，构成了专业性强、信息更新及时、对接时效性高的“专、新、快”的“互联网 +”工作平台。以发布企业需求、专家待转化成果及专家企业双向选择为工作机制，以专家库、专家成果库、企业需求库、企业产品库、专利库五大资源为工作基础，形成的覆盖复合材料创新成果推广、产业链衔接、专利转化、人才评价、资金托管、科技成果鉴定的全面工作模式。

（2）南陵学会服务站。芜湖市科协通过多次走访调研，促成中国可持续发展研究会同南陵县生产力促进中心进行深入对接，双方就成立南陵学会服务站达成了一致，开拓了创新驱动工程的工作模式，通过平台带动平台的方式，上下联手扩大创新驱动的成果转化。服务站成立后，充分利用南陵县生产力促进中心这一省级创新平台，结合大浦国家级科技示范园区，组织相关部门、企业、专家进行实地考察与研讨，通过创新平台提供全程服务。此外，还通过研究会，与中国生物多样性保护与绿色发展基金会进行了两次对接，基金会秘书长周晋峰表示在条件允许的前提下，会对南陵县养老产业、生态公园等生态系统良性循环项目进行投资。

3.2.3　创新环境优化模式

创新环境优化模式（图 3–8），本质是通过营造创新氛围，形成适于自主创新的模式，科协组织通过向政府“要政策”、建设博士生工作站、研究生工作站等引导学校教育适应创新发展规律，创办“众创空间”为万众创新、大众创业提供创新环境等方式，助力政府及社会构建良好的创新环境。

形成创新要素集聚不是简单的堆砌，而是进行有效整合，创新主体除了对创新资源要素进行合理配置，还需仰仗创新环境要素，主要包括基础设施要素和市场、金融、政策等创新软环境要素。创新环境构建实质上是创新文化的构建。一个地区经济发展的活力从根本上表现的就是这个地区文化所产生的一种影响，例如，有些地方安于现状，有些地方勇于尝试。这种文化对地区经济发展的影响是深远的、潜移默化的，作为文化的培养也是长期的。

作为区域创新体系的重要内容，区域创新创业环境是国家创新体系建设的重要任务之一。欧洲创新环境研究小组提出了创新创业环境的概念，他们认为，创新创业环境是提高企业创新效率、促进企业创新发展不可或缺的动力，也是区域创新体系的重要组成部分。只有优化了创新创业环境，聚集了创新资源与要素，才能更好地促进区域经济的可持续发展，推动建设“创新型城市”“学习型城市”，从而实现创新型国家建设的要求与目标。

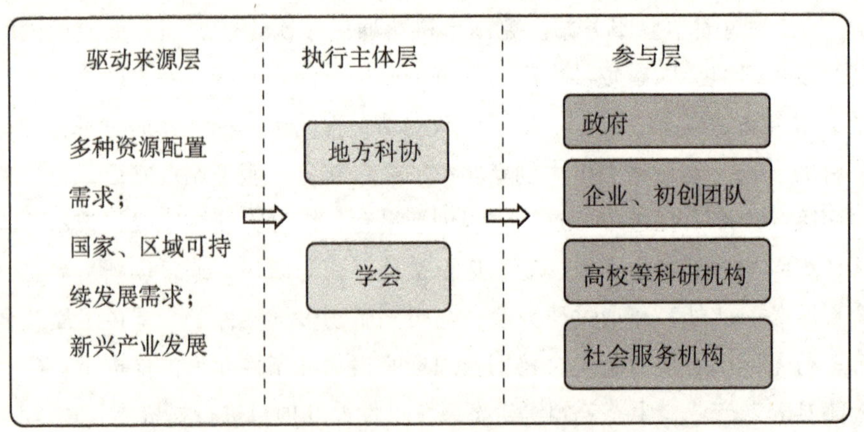

图 3-8　创新环境优化模式运行示意图

创新环境优化模式的运行特点：“多方协同，营造氛围，内生创新，整体发展。”

保证创新环境优化模式运行的重点：营造良好的“创新环境”是一

个庞大的系统工程，科协组织需要加强创新驱动助力发展的宣传，尤其是强化典型示范功能，形成社会推崇“内生创新”的良好局面，通过试点示范带动区域、产业全面发展。科协组织可从“本地创新要素的培育与再分配、区域外部创新要素的整合与运用”两个维度，促进企业、产业与创新资源广泛对接，以全面提升可持续发展能力和自主创新能力为目标，以企业自主创新能力和合作网络培育为核心，以关键技术研发平台、创业孵化平台、成果转化平台、中介服务平台、科技融资平台建设为载体，建设以企业为主体，政、产、学、研、用为一体的有机结合创新体系。

案例支撑：

（1）芜湖市科协助力工程举措。芜湖市为助力区域科技进步和经济转型升级，提高自主创新能力，制定了相关的政策方案，如《中共芜湖市委办公室、芜湖市人民政府办公室印发关于 < 芜湖市创新驱动助力工程实施方案 > 的通知》《中共芜湖市委办公室、芜湖市人民政府办公室关于成立市创新驱动助力工程领导小组的通知》等相关文件助力创新驱动工作的开展。从政策方面有效推动创新驱动的发展。同时，积极引导县区科协的主动性，深入企业实际技术需求。县区科协了解企业的第一手需求，是联系企业的重要桥梁和平台，通过联合区县科协一同进行企业调研，收效更为明显。积极主动联络各级学会，通过面谈、电话、邮件、网络等多种方式方法和市级学会，省级学会乃至全国学会相关负责人联系，推介企业的技术需求。

（2）泉州市科协助力工程举措。泉州市科协在创新驱动助力工程中主动作为，积极介入，在知悉中国科协实施创新驱动助力工程后，市科协领导当面向泉州市领导请示汇报，得到市领导的首肯支持后，正式向市政府提出《关于积极争取设立中国科协“创新驱动助力工程”示范区试点城市的请示》，市长批示同意后主动沟通协调，一是与省科协沟通协调；二是与加强与中国科协协调；三是与全国学会沟通交流。利用参加中国科协创新驱动助力工程洽谈活动，先后向 32 个全国学会推介泉州的基本市情和产业需求，并初步达成合作意向。

3.3 助力工程对接融合发展模式

一年来，在中国科协的正确引导下，地级市科协、全国学会、省市自治区（省）科协按照“点、链、面”的布局，以链牵引，点面结合的模式推进助力工程实施，充分利用了政治势差、技术落差和区域优势，初步形成了具有科协特色的创新服务形式。从资源对接和创新的显著成效看，助力工程是围绕企业、地方政府、园区或产业集聚区需求展开的产学研加强合作。在此过程中，各个参与主体根据各地资源基础与企业的不同需求，形成了多种运作模式，工作内容和工作方式各有特色，并涌现出许多亮点案例。初步看主要有以下创新驱动助力模式。

3.3.1 点对点合作模式

点对点工作模式也就是“1+1”二元工作模式，它是指企业与大学或科研机构之间进行的一对一合作创新，即某一特定企业与学会或科技工作者建立的合作创新关系。这种模式往往在企业自身需求简单明确（多为提升创新能力的技术需求），需要解决的问题比较单一的情况下采用。点对点模式合作参与者少，合作关系简单，合作沟通较为便利，合作目标也较为明确。不过，受限于参与者的专业能力和资金实力，点对点模式只适用于单元技术的研发，难以支撑涉及多个技术领域的科技攻关，也较难实现产业共性技术的关键性突破。

在这个二元工作模式中，存在下列一些具体的工作方式。

3.3.1.1 院士专家工作站形式

院士专家工作站，由院士或知名专家领衔，专家团队与企业科技人员联合开展研发与技术转让工作。院士专家工作站的组建和运行，可以按照企业与院士专家的参与特点大致分为以下几种形式。

“企业＋院士专家”形式，是最直接、最原始的企业院士专家工作站建站形式，是以两院院士为代表的高端专家团队，直接与企业开展技术研发和转让活动。

“院士专家 + 项目 => 企业”形式，以两院院士为代表的高端专家直接创建或参与投资的企业，院士专家作为智力资源投入参与企业的创建。

“院士专家 + 地方研究院所 / 高校 => 企业”形式，这种形式有助于增强院地交流和互动，发挥院士专家战略咨询和智库的作用，同时地方研究院所、高校和企业在科研发展建设、人才培养、项目引进研发及科研生产上借智发展，提高自身的科研水平。

“平台 + 院士专家 => 院士中心”形式（图 3–9），由院士专家在开发区、工业园区内建立院士中心工作站，为区域产业发展提供服务。这种模式适宜建立在园区层面，以“点对点”的模式，主要面向园区内的企业，其中包括具有独立研发中心、研发能力较强的大型企业，也包括研发能力较差的中小型企业，形成覆盖面广、服务对象多样化的格局。

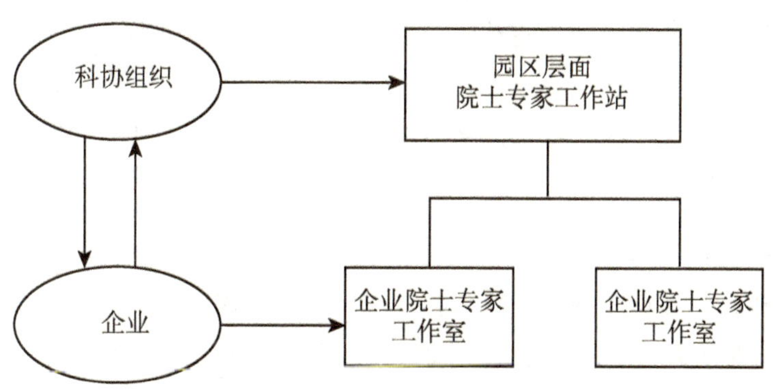

图 3–9　“平台 + 院士专家 => 院士中心”

3.3.1.2　建立学会服务站形式

学会服务站，是学会根据企事业单位或地方政府需求，推荐学会专家，组成具有解决需求能力的专家团队，提供科技研发、技术转让、技术咨询、人员培训等多种服务方式的服务载体。根据学会服务站建设的依托单位不同，学会服务站又分为企业学会服务站、区域学会服务站和高校学会服务站。在高校学会服务站中，全国学会与地方高校合作建立学会工作站，二者共同为企业服务，如中国农业工程学会与河北农业大学签订合作协议，建立工作站，共同为企业服务。

3.3.1.3　组建研发实体形式

组建研发实体形式是指企业、学会或者各方面技术人员通过出资或者是技术入股的形式组建研发实体，进行技术开发或者技术经营。目前主要有两种形式：一是建立产业与科研联合体，就是学会或者技术人员与企业共同研制、开发、生产，组成研、产、销一条龙的高科技研发实体。其特点是结合学会或者技术人员的科技开发优势和企业的生产经营能力优势，采取有限责任公司的运转模式，组建紧密型的产学研联合体，最终组成一种新型的科技企业。二是学会或者技术人员技术入股，合作生产。其特点是多采取股份制合作形式，学会或者技术人员以高科技成果折算成股份向企业投资入股、利益共享、风险共担。

组建研发实体的优势是：（1）企业降低技术开发成本的同时拥有了自己的核心技术或者专利技术，同时学会或者技术人员既有了新的科研基地又带来了长期的经济效益。（2）这种合作模式通过股权分配的方式解决了双方的权益分配问题，利益纠纷不易发生，既适用于实力较强、目光长远的大型企业与学会或者技术人员的长期合作，也比较适合一些有潜力的中、小企业通过组建研发实体来加强自己的研发能力，从而发展自己的技术创新能力。

3.3.1.4 共建科研基地形式

共建科研基地是指企业、学会分别投入一定比例的资金、人力和设备共同建立联合研发机构、联合实验室和工程技术中心等科研基地。目前主要有两种形式：一是学会与企业共建研究和开发机构，各方共同选择高新技术开发课题，由企业提供研究经费，学会提供人才和技术并且吸收企业高技术人才参与和研发的工作；二是学会和企业共建中试基地，技术工作由学会负责，企业在技术人员指导下进行中间试验，中间试验成功投入工业化生产后按合同规定方式分成。

共建基地的优势是：（1）共建科研基地可以为企业储备技术和人才，对于企业研发能力的持续提高有非常大的作用；（2）科研基地可以使企业对某些专业领域的技术创新进行持续的投入，也使科研更加贴近市场需求，同时缩短了技术成果产业化的进程；（3）使双方主体的优势可以充分的发挥，学会包括技术人员具有基础理论知识扎实、实验手段先进、研发能力强的优势，而企业则具有技术开发、生产过程技术化的优势，因而双方结合可以充分发挥他们的优势。

3.3.1.5　进行技术转让方式

技术转让方式是创新主体以契约的方式对专利技术、技术秘密、实施许可等无形资产进行使用权转让的一种经济法律行为。技术转让合作方式最常见的形式是科技工作者转让专利技术，企业接受专利技术。技术转让方式的优势在于：第一，技术转让一般以契约为依托，因而权责比较分明，一旦产生纠纷，就能够通过技术合同进行调整；第二，从技术转让的成果来看，技术成果一般是现有的或特定的，往往比较完整和成熟，因而能在短期内促进转让方科研成果的产业化。

技术转让方式的表现形式有：一种是科技工作者根据自己的工作实践提出课题或者通过一定的渠道申请纵向课题，针对这类课题开展研究取得成果后，再寻找渠道将成果提供给企业；另一种是科技工作者提出课题，物色企业，由企业提供资助，或者企业根据市场的需要和自身的发展战略向科技工作者提出研发项目，提供经费，研发成果则直接流向企业。

3.3.1.6　委托研究开发方式

委托研究方式是指委托方将所需研发活动委托给受委托方而进行的一种法律经济行为。在这种方式中，企业提出需求、提供资金，委托学会的专家对新产品、新技术、新工艺等进行研究开发。这种模式的优势表现为两个方面：一方面，委托方在提供资金、承担风险的同时，有可能获得具有一定市场价值的科技成果，而受托方获得科研经费后，有利于对课题的深入研究；另一方面，这种模式以契约的形式来约束双方主体，因而权责比较清晰，利益纠纷比较少。

这种模式也是典型的市场经济行为，适用于企业的研发经费比较充足、技术要求相对比较明确、学会研究基础比较好、研究实力较强。在合作的实践当中，委托方首先依据技术需要寻找和遴选受托方，受托方再依据研究基础同委托方进行商榷，进而形成合作意向，之后，委托方和受托方则要根据商榷的内容签订合同。合同成立后，合作模式方可进行实施。在这种合作中，需要双方主体的诚信交流，更需要合同对于双方权益的保护。

3.3.1.7　进行联合攻关方式

联合攻关模式是针对某一个课题而言的，企业和学会或技术人员双方主体共同努力寻找解决方法的一种合作模式。联合攻关模式大多数情况下是以课题为载体，以课题组为依托，由学会派出技术人员组成临时性的研发团队进行研究开发的。这种模式的优势是：（1）充分发挥双方主体的优势资源，加快对科研课题项目的攻关；（2）使双方的研发能力都得到了锻炼；（3）有利于企业与学会的合作网络关系，使企业能够更加有效地利用各种资源。

3.3.1.8 创新人才培养方式

来自学会的院士专家及其创新团队，充分依托自身人才和教育资源优势，根据地方单位的发展需求，通过举办培训班、专题讲座和选派优秀技术人员外出学习等方式，帮助合作单位培养适用型人才，或者通过选派专业对口的学生来企业实践、观摩和试验，甚至加入企业，为企业培养人才提供平台。例如，中国药学会与河南省南阳利欣药业有限公司达成了合作意向，根据需要对公司现有技术人员进行学历升级和技术培训；中国煤炭学会有针对性的面向鄂尔多斯露天矿从业人员开展人社部专业技术紧缺人才知识更新培训；浙江省造船工程学会先后举办 3 期“船舶自动化设备安装调试技术人员培训班”。为了使企业更加全面深入了解全国相关学会的技术人才储备和最新行业技术发展前沿，促进企业创新发展，鄂尔多斯科协呈请中国科协协调，促使鄂尔多斯地方企业的技术人员挂职于全国相关学会。

3.3.1.9 项目深度合作方式

这种模式的具体做法是全国学会和企业对接后形成具体的合作项目，如开发新产品、共建联合实验室等，由学会和企业按照市场机制运作。项目深入合作，能够有效调动双方积极性，避免专家做活雷锋，同时提高企业效率。例如，浙江工业大学蒋建东教授团队与浙江四方集团公司与合作开发智能化保护型水田作业机、浙江理工大学李革教授团队与浙江三锋实业股份有限公司合作开发的蔬菜移栽机等 10 余个合作项目已落地，进入实质合作；吉林省农业机械学会与四平市隆发机械制造有限公司签订会企联合开发 2BSM—2 免耕精密播种机合同，省农业机械学会提供技术支持、图纸、工艺工装、试验推广、操作培训，生产成功并投放市场；中华中医药学会与保定金木集团、泰和康复医院分别合作建立“河北中医养生研究院”和“中医养老康复研究院”等项目。

案例：中华中医药学会与河北金木集团，合作成立“河北中医养生研究院”

金木药业是河北省保定市一家集中成药、中药饮片、药用冰片、保健食品生产及餐饮宾馆为一体的综合性民营企业集团，中国成长型中小企业100强，河北省农业产业化重点龙头企业。自保定创新驱动发展示范市建设工作开展以来，在中国科协学会学术部、保定市科协的联合推动下，中华中医药学会多次来保定考察论证，与安国金木药业深入对接。经过反复研讨协商，双方在 2014 年 11 月 9 日就联合组建“河北中医药养生研究院”签署合作协议。“河北中医药养生研究院项目”由中华中医药学会提供专家、项目、技术等科技支撑，以金木集团养生保健食品研发、生产、营销特色产业为依托联合建设。项目得到保定市委、市政府主要领导重视，市领导多次调度协调项目落地事宜。河北省长张庆伟亲自为该项目协调解决用地280 亩。项目在中国药都—保定安国投资建院，一期工程拟投资 5.8 亿元，占地 280 亩，建设内容为：现代化科技研发大楼、现代化中药保健品检测中心、现代化多功能培训中心、全国中医药养生学术交流中心、民间疑难杂症数据库、全国中医药祖传秘方档案馆和全国中医药养生保健中心。当前，项目已经选址，进入建设阶段；后与北京仁仁通泰生物科技有限公司对接，双方达成系列合作共识。

3.3.1.10　战略科技咨询模式

战略科技咨询，是创新驱动助力工程的不同工作方式中一项十分重要的服务内容。专家学会与地方、企业的合作主要是开展战略发展规划编制、技术咨询等前瞻性服务，为地方区域发展战略、产业发展升级规划、重点产业升级技术路线图等提出专业意见或建议。不同于项目合作，不是就某一具体的技术项目、产品开发展开，而是充分借助专家团队渊博的专业知识、深邃的战略眼光和科学的技术研判能力，就企业战略思想、发展目标、中长期规划、新产品开发等事关全局、长远的前瞻性问题开展技术咨询和技术合作。

例如，重庆永川区与中国仪器仪表学会达成合作协议，发挥学会智力优势、人脉优势和技术信息优势，为永川区机器人及智能制造业企业搭建平台，提供案例示范和专家咨询，为区政府提供《永川地区智能制造发展战略咨询报告》，为永川制定机器人及智能装备产业发展规划提供决策建议。中国国土经济学会与鹤壁市签订《关于在鹤壁市共建全国国土空间优化发展实验区的协议书》，确定鹤壁市为全国首家国土空间优化发展实验区。学会提供各类科技咨询服务，帮助鹤壁谋划好未来发展，为鹤壁市产业联盟与创新服务平台建设提供咨询等。

案例：中国国土经济学会协助编制《鹤壁市国土空间优化发展规划（纲要）》

应河南省鹤壁市请求，中国国土经济学会组织国家发改委、科技部、国土资源部等有关单位以及中国人民大学土地规划中心的专家委员三下鹤壁，鹤壁发改委、国土部门的有关人员三上北京，经过交流融合，编制了《鹤壁市国土空间优化发展规划（纲要）》。协会组织国家发改委、科技部、工业和信息化部、国土资源部、环境保护部、住房和城乡建设部、交通运输部、水利部、农业部、国家林业局、国家旅游局、北京大学、人民大学、北京林业大学等16个国家部委、科研教学单位工作的常务理事、专家委员，为规划纲要做评审论证。第一副理事长、专家委员会主任、全国政协人口资源环境委员会副主任江泽慧主持评审，理事长、第十届全国政协副主席张怀西与环境保护部原副部长周建、科技部原副部长刘燕华等30来位司局处长和专家学者出席会议，评审会议从上午9时开到下午1时，与会专家站在国家发展的大层面上，结合鹤壁市实际情况，对该规划的理念、思路、内容作了整体提升，从而高质量的推出了全国第一个“多规合一空间优化规划（纲要）”。

3.3.1.11 科技成果转化模式

推动科技成果的转移转化，使其投入市场，取得经济效益和社会效益，是创新驱动助力工程推动创新的主要目标。为提高成果转化的成效，通过科协搭台，地方单位在与学会、专家团队合作中，根据自身发展需求，直接引进专家及团队的科研成果，在孵化平台进行转化，进行中试或者市场推广开发，推进成果的产业化，直接解决科技与经济“两张皮”的问题。例如，在保定市委、市政府支持下，两岸清华“大数据处理中文核心摘要技术”已在保定落地并已经应用到企业，东华软件项目、北京岐轩医学院中医培训机构等项目即将在保定落地。安徽省芜湖市大浦科技企业孵化器，积极承接中国可持续发展研究会推荐的会员单位——上海环恳生态科技有限公司的农作物秸杆综合利用项目落户。

3.3.2　点对链工作模式

点对链工作模式又可称为“1+2”三元工作模式，是指一个企业与若干个学术机构或一个学术机构与若干个处于同一产业链或供应链上的企业进行的合作创新。提出这种需求的企业往往自身技术能力较强，甚至掌握一定的专利技术，或者企业发展所涉及的技术链比较复杂，希望在市场化、政府政策和提升综合能力方面得到帮助。这样的企业需求比较复杂，单一学会或单一的科研院所难以解决问题，从而形成了“1+2”模式。在一个企业与若干个学术机构的合作中，这个企业往往经济实力较强，既是合作的需求方，又是合作的资助者，而学会和科研机构则根据企业的技术要求，分别完成相应技术环节的研究任务。除 1 个企业 + 多个服务机构，如学会、科研院所等“1+2”模式外，与之相对应的，还有基于一个学术机构向多个企业提供服务的形式，即 1 个学会或学术机构 + 多个企业。在一个学术机构与处于同一产业链或供应链上的若干个企业的合作中，这个学术机构往往研发实力雄厚，既是技术提供者，又是技术集成者，而多个企业则在特定行业或供应链上相互协作，力图实现技术成果的市场化和产业化。在点对链模式中，单个企业或单个学术机构多一般会围绕自己特定优势组合起相应的研发团队或产业化团队，既有对单元技术的研发，也可进行集成创新；既有利于强化特定单位的特定技术经济优势，也有利于产业界和学术界的优势互补。不过，点对链模式对单个企业的资金实力和技术实力，以及单个学会、科研机构的科研能力均有较高的要求。

该模式具体又包括如下工作模式。

3.3.2.1　建立学会联合服务站模式

学会联合服务站，是各学会根据企业需求，推荐不同专业、不同领域的学会专家，组成具有解决需求能力的专家联合团队，是通过提供科技研发、技术转让、技术咨询、人员培训等多种方式为企业提供帮助的服务载体。学会通过服务站开展科技咨询、成果推广和产业化服务，促进产学研结合，达到地方和学会互利共赢。学会服务建站形式有“一企对多学会”“一学会对多企业”“多级联合建站”3种。

“一企对多学会”形式中，由一个企业与多个全国学会对接，服务站建立在企业内部，需要借助科协积极联系相关学会，吸引多个全国学会联合提供技术支持。如环境领域的保定中康韦尔环境有限公司，由于该公司产业链涉及较广，在与中国环境学会合作的同时，还与中国化学会、中国产学研合作促进会、中国气象学会和中华预防医学会等健康领域的多个学会签订合作协议或达成合作意向。

“一学会对多企业”形式中，一个全国学会对接相关领域的多个企业，同时为多个企业提供科技支撑，因此服务站可建立在市、区科协，直接为辖区内多所企业服务；或在企业建立学会工作站分站或签订合作协议。例如，中国复合材料学会设立学会德州服务站，设立办公地点，根据企业技术需求定期邀请专家在现场办公，为辖区内和附近的企业提供现场技术咨询服务，同时还将在德州相关企业开展人才评价试点工作。杭州市电子学会联合仪器仪表学会对接杭州市电子机械功能区和上城区科协，共建协同创新服务基地，以物联网新技术应用协同创新为主题，以园区企业杭州中端思创公司和中科院杭州研发中心等为切入点，辐射其他企业，组织开展协同创新活动。建立省重点实验室仪器设备共享平台，向功能区企业开放使用；设立重点实验室开放课题基金项目，供功能区企业研发人员申报等合作。

“多级联合建站”形式中，由全国学会、省级学会、市科协三级联动，打造合作平台，依托全国学会专家资源，发挥省级学会带动作用。

案例：河北保定中康韦尔环境有限公司对接多学会

河北省保定市中康韦尔环境有限公司推出“城市空气质量管理系统”，3年技术研发投资6000万元，在信息数据采集、技术研发和产品推广上遇到难题。借助助力工程，该企业与多个全国学会开展了深度合作：与中科院自动化所共同投资联合共建“智能环保联合实验室”，戴汝为院士团队为项目提供高端科技支撑；与中国化工学会、中国化学会签署合作协议，学会在项目检测设备、检测技术上提供支持；与中国环境科学学会、中国气象学会对接，学会在政策信息支持、技术成果评价应用和推广上提供服务，企业分享学会的大数据。与中华预防医学会、中国青少年科技辅导员协会对接，学会帮助企业在特殊环境先行先试。2015 年 8 月由清华大学、中国环境学会、中关村天合顶级环境专家为该项目评估，之后，该项目将在全省、全国范围内逐步推广。

3.3.2.2 开展联合技术攻关模式

联合技术攻关，是学会整合专业专家资源对接企业技术发展的一种手段。学会专家帮助企业突破技术难题，主要集中在新技术、新工艺、新产品开发的联合攻关上。即主要是借助专家的技术优势和专业优势，就合作单位在新技术、新工艺、新产品开发过程中遇到某一具体的技术难题，合力攻关，从而推进整个新技术、新工艺、新产品的成功面市。这种运作模式往往以项目制形式出现，目标明确，操作性强，成果易于量化，对合作单位来说是最迫切、最直接、最需要的。

例如，中国自动化学会专家、中国机械工程学会专家与山东双港活塞股份有限公司，双方就新型活塞材料的设计与开发、活塞挤压铸造成形工艺等，制定联合研发计划，部分技术团队已进驻企业；浙江湖州诚鑫纺织印染有限公司加入中国纺织工程学会“技术研发中心”，双方合作成立“化纤织物平幅连续高速练漂增白联合物”研发小组，申报国家发明专利 2 项，实用新型专利 6 项，已有 4 项实用新型专利取得授权，达成多项合作协议。

3.3.3 点对面工作模式

点对面工作模式又称为“1+3”四元工作模式，是指企业作为技术创新的主体与学会、科协、地方政府进行深度合作，共同解决企业的实际需求问题。这种模式服务层次高，上对地方政府产生影响，下又深入到企业具体需求中，是一种深耕细作的纵向综合服务。这种模式多从地方产业布局出发，致力于形成地方在某些产业方面的优势，对地方经济的发展影响深远。具体又包括如下工作模式。

3.3.3.1 建立产业创新联盟模式

产业技术创新联盟中（图 3-10），学会、企业、大学、科研机构或其他组织机构，以企业的发展需求和各方的共同利益为基础，以提升产业技术创新能力为目标，以具有法律约束力的契约为保障，进行联合开发、优势互补、利益共享、风险共担。产业创新联盟是做实产业链，拉长产业链的有效途径，可以将相关产业、相关领域的院校、科研机构和生产企业等产业链整合在一起，有效的促进信息、资源共享。

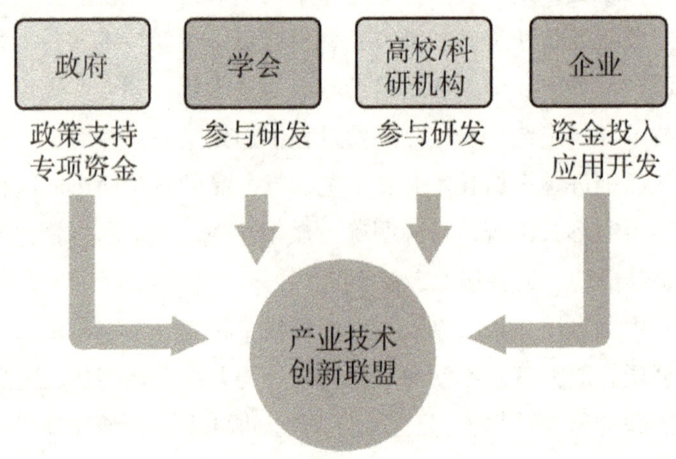

图 3-10　产业技术创新联盟模式

3.3.3.2 打造学术交流活动平台模式

这种模式具体做法是地方政府、科协通过加强与全国学会沟通和协调，争取部分学会的学术会议、论坛和成果展览等落地，并逐步提升学术交流层次以推动行业科技进步。如南阳市与中国农业工程学会联合举办中国现代农业论坛；四川省绵竹市人民政府与中国化工学会将联合举办“2015 年中国（德阳）磷钛化工绿色发展高端论坛”，力争将该论坛打造为在德阳常设的全国品牌性学术交流平台。同时，依托国家级学会在地方举行会议，业内专家聚集的契机，可以组织企业与其面对面对接。如中国食品学会粮油分会在沈阳师范大学召开全国性的学术交流会，辽宁省科协组织专家团队 13 人次与阜新市 6 家食品加工企业进行对接洽谈，现场解决技术难题并达成多项合作协议和意向。

案例：中国煤炭学会、中国工程院能源与矿业工程学部、中国金属学会、中国有色金属学会、中国化工学会、中国硅酸盐学会、中国矿业联合会、中国黄金协会、中国核学会、中国岩石力学与工程学会联合举办“第十届全国采矿学术会”，在鄂尔多斯市召开。在会议期间，鄂尔多斯市创新驱动助力工程协调推进领导小组办公室广泛征集全市煤炭相关企业科技需求12项，并编制印技术需求项目册，分发给600多位参会专家，积极促成专家教授与科技需求企业对接洽谈，帮助企业解决技术难题。在鄂尔多斯高层次人才合作交流暨创新创业周会议期间，邀请中关村投资管理有限公司董事、总经理吴立峰在重点科技项目路演活动中，向120多名与会代表介绍中关村天合科技成果转化促进中心科技成果转化运作模式以及30个重点转化成果项目。蒙泰集团、铜川汽车博览园、鄂尔多斯市高新技术园区与中关村天合科技成果转化促进中心就电厂超净排放、新农村新城镇智能微电网、科技成果产业化基金、科技成果产业化育成工厂等项目合作初步达成框架性意向；鄂尔多斯市东胜区铜川汽车博览园与清华 x-lab 创新团队云中歌（北京）科技有限公司就“车与我”项目达成意向，与创点客（北京）科技有限公司就汽车及零配件电子商务项目达成意向，在鄂尔多斯建设基于移动全渠道电子商务平台的汽车及零配件销售平台；莱富士光电科技有限责任公司与天合科技成果转化促进中心就“有机蔬菜绿色生态一体化植物工厂示范项目”“利用自然光高效传导无电绿色照明系统装备项目”，星光煤炭集团华鑫建材有限公司与天合科技成果转化促进中心就“锻压、精铸及热处理产业升级技术应用项目”等一批项目的合作正在进行之中。

案例：近年来，重庆市永川区把培育壮大机器人及智能装备制造产业作为实施创新驱动发展战略的重要抓手，引进了广数、固高、哈工大机器人等工业机器人企业70余家，并成为重庆市机器人、数控机床暨智能装备产业基地。2015年，由重庆市经信委、永川区人民政府、凤凰湖园区管委会、重庆大学、重庆文理学院、重庆工业技师学院、重庆科创职业学院、中国自动化学会、中国仪器仪表学会、固高科技、重庆固高、广州数控设备有限公司和埃夫特智能装备有限公司共同建设的以机器人、精密数控与运控系统、智能装备、智能家居为核心，建成集应用技术研发与服务、项目孵化、技术成果产业化、人才引进与培养等功能为一体的具有国际先进水平的创新型研发平台和开放式公共服务平台。管理模式为理事会领导下的院长负责制。运营思路按照政校企合作共建平台，平台孵化项目，企业创新发展运营。主要任务为研发机器人等智能装备的控制系统及自动化集成等核心技术。所形成的合作机制是：人才团队牵引，链式非竞争联合，政产学研资用支撑，发展合作共赢。借助这一平台，以研究院为中心，政府、学会院校、企业优势资源整合共享。政府做资源支撑，学会和高校为理论和技术保障，企业是产业化和市场化推手。其中，机器人产业众创空间，为处于种子期、初创期的智能装备科技型中小企业提供创业孵化服务，推动该区机器人及智能装备产业快速发展。该众创空间致力于实现创新与创业、孵化与投资相结合，为入驻园区的中小企业提供低成本、便利化、全要素的开放式创业综合服务平台。中小企业可在工作空间、网络空间、交流空间、加工测试所需的设备、创业辅导及市场开拓等方面，得到大力帮助。

协同创新研究院组织架构：

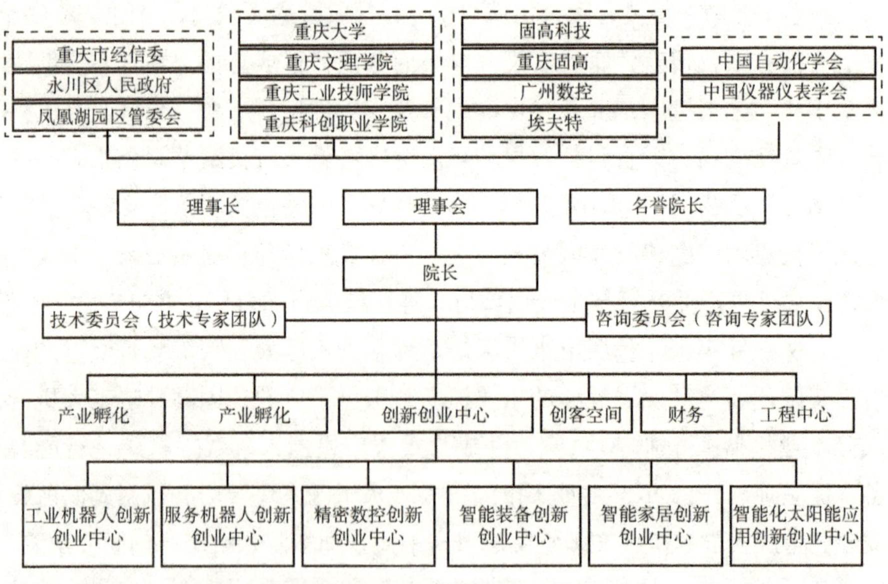

图 3-11 重庆市凤凰湖智能装备协同创新研究院和机器人众创空间

3.3.3.3 资源平台信息化模式

利用数字化、信息化、网络化来推进助力工程提质、增效，是当前和今后工程不断拓展的重要途径。工程开展至今，运用科技创新手段实现了资源平台的信息化和网络化，主要体现在通过建立科技需求信息库、专家人才信息库，打造地方技术需求与全国学会、专家团队智力、资源互动共享平台。如鄂尔多斯市创新驱动助力工程协调推进领导小组办公室与市科技局合作，共同开发建立鄂尔多斯市创新驱动助力工程基础信息数字化网络系统，设科技需求信息库和全国学会介绍与专家型人才信息库，形成资源互动共享平台。中国复合材料学会通过建立企会宝平台，整合学会的专家资源、企业资源、产业链库信息，构成了专业性强、信息更新及时、对接时效性高“专、新、快”的“互联网 +”工作平台。

3.3.3.4　产学研合作基地模式

产学研基地，是由地方学会依托自身行业资源与专业优势，推动产学研合作的一种创新的服务形式。依据示范区重点产业发展需求，组织高等院校、科研院所的科技成果、科技项目和专业人才进行对接，促进研究机构与示范区企业之间的知识流动与技术转移。例如，杭州自动化学会联合相关研究院所和高校成立了“机器换人”与机器人技术产业发展联盟；内蒙古鄂尔多斯市人民政府、乌审旗人民政府与四川大学签订“高分子材料产学研基地”合作协议，并已挂牌。

案例：杭州市“机器换人”与机器人技术产业发展联盟

2013 年 5 月，杭州自动化学会联合自动化技术研究院和浙江大学机器人研究中心等 11 家从事机器人自动化开发、应用和科技服务单位发起成立杭州市“机器换人”与机器人技术产业发展联盟。联盟的战略目标是加快利用机器人自动化技术改造提升传统产业步伐，促进制造业转型升级，开展以自动化与机器人技术为各行业企业特别是传统制造业中小企业科技服务。同时提升联盟成员单位的研发、生产水平，使杭州成为全国机器人技术与产业的重要基地。因市级联盟成效明显，2014 年 12 月，学会又推动成立浙江省机器人产业技术联盟。

3.3.4　网络化工作模式

网络工作模式又称“1+N”多元工作模式，该模式是指某个行业内或供应链上的多个企业、学会、科研机构共同参与的创新合作。合作网络中的每个成员通过交流、学习和合作，互通有无，并从合作网络中分享受益，将技术能力提升到仅靠单个成员努力难以达到的水平。

具体来说，其网络结构是这样形成的：横向包括企业上下游之间，地方科协之间，地方学会之间，以及地方科协、地方学会与地方政府之间的合作等，这样就形成了多层纬线；纵向包括全国学会与地方学会的合作和中国科协与地方科协的合作，这样就形成了多层经线。经纬相关交织，就形成了网络结构。一般来说，网络模式下，产学研合作规模较大，实力较强，既可以在产业领域内打造完整的产业技术创新链，例如由钢铁研究总院、宝钢、首钢、鞍钢、武钢、东北大学、北京科技大学等10家单位组成的我国钢铁可循环流程技术创新战略联盟，也可以进行跨领域、跨行业的集成创新，例如由一汽、东风、奇瑞、吉利、长安、宝钢、西南铝业、华东理工大学、中国汽车工程研究院等12家单位组成的我国汽车轻量化技术创新战略联盟。但是，网络模式涉及成员较多，企业、高校、科研机构是不同性质的互补组织，而企业成员之间又存在竞争关系，因此，组织结构和合作关系都很复杂，可谓是管理难度最大，管控成本最高的产学研合作模式。而且，网络模式的发展往往需要牵头单位的组织、管理和协调。一般来说，牵头单位既需要有相当的实力和影响力，还需要有一定的管控水平和服务意识。

3.3.4.1 京津冀科技成果转化平台模式

京津冀科协举办“京津冀科协科技成果转化平台”项目发布和推介会，推动科技社团联手共建，以定期和不定期面向社会发布推介项目、开展项目评估、好项目评选、孵化、创业培训等多种形式，为科技成果最终实现转化落地提供全方位的服务。从中关村天合科技成果转化促进中心项目库的1000多个项目中，通过科技成果市场转化成熟度评价模型对科技成果转化促进提供产品、技术、市场等多维度的评价后，精心筛选出30个项目进行推介。经过洽谈，中关村科技成果转化促进中心与天津市宁河县科委、天津市科技工作者创新创业服务中心，与河北省南河县政府、北京农学院开放实验室等单位签署5个科技成果转化合作协议，达成了142项科技成果转化合作意向。首次“京津冀科协科技成果转化平台”项目发布和推介会成功举办，标志着京津冀三地科协科技成果转化平台资源共享，实现项目成果落地。今后将通过多种载体和形式，将优秀科技成果项目推介活动常态化，推动一批优质科技成果、科技项目落地京津冀地区，推进科技成果转化和产业化，在推动京津冀协同发展和创新型国家建设中发挥示范引领作用。 会后，沧州已有 7 家单位计划最近来北京通过中关村天合科技成果转化促进中心与相关项目技术方做深入对接，天津武清区科协也表示有 5 家单位要求中关村天合科技成果转化促进中心做项目对接，保定市也有多家企业单位提出需要对接服务，还有江苏如通石油机械股份有限公司要求与中科院高能物理所做合作对接。

目前已完成 3 家企业的对接服务，河北康隆韦尔智能医疗科技有限公司分别于与中远网络物流信息科技有限公司、中国电力科学研究院计量所的对接服务；衢州杭甬变压器有限公司与中国电力科学院能效所做企业能效升级服务技术对接；保定烨晟科技有限公司与国家农业智能装备工程技术研究中心做农业种植规划技术对接。

截至今天，已经有北京仁通泰生物科技有限责任公司与河北金木药业集团签署合作协议，河北康隆韦尔智能医疗科技有限公司与中远网络物流信息科技有限公司、中国电力科学研究院计量所、中关村天合科技成果转化促进中心签署共建“智慧医疗器械物流云服务平台系统”项目合作协议。保定厚育成合高新技术服务有限公司与中关村天合科技成果转化促进中心签署科技项目 T-CAM 评审合作协议。

3.3.4.2　广东省“三部两院一省”产学研模式

一些省市为进一步促进区域创新的深化，在已有的产学研创新模式的基础上，发展出了新的产学研协同创新模式，从而能够更好地整合各方面的优势资源，助力地方经济发展，推动区域科技进步。具有代表性的是广东省在其“两部一省”（科技部、教育部）的产学研合作模式的基础上，经过多年的探索和经验总结，形成了目前的“三部两院一省”（科技部、教育部、工信部、中国科学院、中国工程院）的产学研合作协同创新的新模式，成为推动广东省自主创新发展的重要抓手。这一新的模式取得了很好地发展成效，有效促进了国内外优质创新资源向广东集聚，大幅提升了企业的自主创新能力，有效促进了产业优化升级，大幅提升了区域创新能力。

案例：广东省“三部两院一省”产学研助力创新的新模式

“三部两院一省”产学研合作，是广东继“两部一省”的产学研合作模式之后，提出的新的产学研协同创新模式，它采取点、线、面相结合，通过派驻企业科技特派员、组建产学研技术创新联盟、实施产学研结合重大专项等方式，实现聚资源、引人才、快见效的目标。“三部两院一省”产学研合作的不断发展壮大，有效促进了国内外优质创新资源向广东集聚，成为广东科技创新的“明星名片”。产学研合作共建的高水平创新平台，大大加速了国家级科研机构的优质创新资源和高层次人才向广东集聚，提升了部属重点建设高校的科技成果转化效率。产学研合作实施的省市重大专项，有效地解决了区域产业发展的重大科技问题。累计实现产值超过 1.2 万亿元，获得专利 2.8 万多件，为企业培养技术和管理人才 9.1 万人。通过产学研合作实施专业镇“一镇一策”和“一校（院）一镇”的方式，促进了专业镇转型升级。2012 年，广东全省 342 个专业镇实现 GDP 总值 1.8 万亿元，同比增长 12.5%，占全省 GDP 比重的 31.6%，对区域经济的平均经济贡献率达 39.3%。在产学研合作的有效推动下，广东省区域创新能力大幅提升。2012 年，广东全社会研发投入预计 1250 亿元，5 年来年均增长 25%，研发经费占 GDP 比重达 2.1%，超过了国际公认的 S 创新曲线 2% 的临界点。2012 年 1 ~ 11 月，广东省发明专利授权量达 20614 件，增长 24.2%，数量居全国第一；PCT 国际专利申请受理量 8163 件，占全国专利申请总量的半壁江山。

3.3.4.3 广州深圳框架协议模式

中国科协支持深圳市深入推进海外人才离岸创新创业基地建设。

国际产业生态表现出新的发展趋势，深圳面临着新的发展机遇。深圳依托产业的配套能力和个性化定制服务能力，第一次有机会主动整合创新资源，是国内第一个由单向需求向双向需求转变的城市，大批硅谷的创业者在华强北涌现便是很好的例证。而中国科协正是看重了深圳对创新资源的吸引、配套、整合能力，才将海外人才离岸创新创业基地放在了深圳。

在过去几年，深圳市科协通过海外渠道的拓展、人才的引进已经积累了广泛的资源，由市科协引进的创新团队连续多年被评为孔雀团队第一名，市科协的海智工作及专业化服务被中国科协领导表扬并在全国推广，由市科协在原有海智工作基础上建设离岸创新创业基地，具有天然优势。

工作内容包括：

（一）建立深圳基地。基地包含三大功能区：一是体验区。建设国际新技术体验馆，集中展示海外人才的优质项目，形成与高交会相互补充的技术交易国际精品馆，通过线上线下互动模式实现高效的离岸技术交易服务。二是推广区。建设项目路演厅和技术持有方的首代免费办公区，为技术持有方提供3～5个月的项目推介期，使其持续了解深圳需求。三是办公与活动区。建设卡座式办公场地、公共会议室、演讲厅、多功能厅等配套服务设施，提供项目注册、选址、税务登记、开户等落地服务，日常跟踪服务及后期加速服务。

（二）人才渠道网络建设。是组建海外人才和创业项目的挖掘团队。过往经验表明，专业化和持续性是人才及团队资源引进的重要保障，依靠政府组织的间歇性推介活动效果不佳。有必要组建一支常年活跃在国外、具有广泛海外人脉和项目资源运营团队，跟踪世界前沿技术、先进产品、创新模式和投资热点，为深圳挖掘优质种子项目和创新资源。

（三）举办科技活动。一是举办创客活动周和国际人才论坛等活动。打造集人才、资本、项目、载体等多要素为一体的国际化创新要素集聚平台。二是举办科技外交官深圳圆桌会议。邀请10～20名西方重点国家的科技参赞在深圳召开技术合作交流年度会议，提升深圳在国际科技界的影响力。

广州市成功举办首届中国创新科技成果交易会。

由中国科协和广州市政府共同主办的首届中国创新科技成果交流会（以下简称科交会）于5月22日～23日在广州白云国际会议中心举办，取得了圆满成功，达到了预期目的。在7000平方米的主展场，共有675个参展单位，1100个创新科技成果项目，分为生物医药、电子信息、新材料、智能制造、仪器仪表等14个专业板块和北京、天津、上海、广州、俄罗斯、港澳台6个地区板块进行展示。为期一天半的展示共吸引了超过1万名观众进场参观。除了创新科技成果展示之外，科交会还举办科技沙龙、现场考察等多种形式，行之有效的落地对接活动，促成创新科技成果项目转化落地。科交会期间，共促成了26项创新科技成果项目转化落地并签订协议，涉及金额达45亿元。另外还有100多个项目在会上和会下达成对接合作意向。中央政治局委员、国家副主席李源潮同志亲临展会调研，充分肯定了科交会相关工作。中国科协同意科交会长期落户广州，今后每年举办一届。

认真筹备第二届科交会。按照中国科协和广州市相关协调会议确定，将科交会更名为“中国创新科技成果交易会”来运作，由中国科协、广州市政府牵头按规定向国家有关部门报批。一是初步确定每年5月中下旬举办一次全国性大型集中交易会。每年举办若干次专题交易会，按行业产业特色、科技团体特色和科协组织特色，突出小型、专业、专题的展示和交易；始终如一地常年跟踪落实有关成果的落地和交易；建设和完善“科交会”网上交易平台，建设永不落幕的“科交会”。二是建立科交会组织架构与常设机构。科交会组织筹备工作由中国科协和广州市政府共同承担，双方共同负责科交会总体统筹协调，并增加广东省政府为主办单位。具体工作在组委会框架下进行操作。为负责科交会组委会办公室日常工作，市科协下属公益一类事业单位，属市科协创新与交流中心，加挂科交会组委会办公室牌子，并提高编制规格，增加工作人员5名，配齐专职领导分管科交会工作。三是确立“改革引领、优势互补，创新驱动、突出服务，市场主导、政府引导”的原则，逐步探索市场化运作机制，利用政府资金的导向支持，坚持通过市场实现办会的良性循环。要有可转性、创新性、实用性，不追求“高大全”，使创新科技成果真正转化为生产力。

第 4 章　助力工程实施过程中遇到的问题和挑战

创新驱动助力工程实施一年来，尽管取得了较大的成绩，也遇到很多困难和问题。这其中既包括政策环境方面的支撑保障问题，也有助力工程本身在工作模式、组织方式、运行机制、保障措施等方面存在的问题；既有工程参与方理念上的差距，也有新常态下实施创新驱动现实面临的挑战。通常，环境的改善不可能一蹴而就，但对助力工程本身以及科协、学会、地方政府、企业和科技工作者等助力工程利益相关方的分析与引导将有助于助力工程的科学发展。

4.1　助力工程自身的不足

4.1.1　助力工程的内涵和边界不清晰

从科协内部看，长期以来，中国科协以企业科协为抓手，以讲、比活动为平台，开展了面向企业的多种服务，包括面向企业管理者开展科技咨询，为企业转型发展的决策服务；面向企业生产和经营中的难点开展技术攻关和提合理化建议，为推动企业的科技进步和提高自主创新能力服务；面向企业科技人员开展的学术交流活动和各类人才表彰奖励工作，为促进企业科技人才队伍的培养和成长服务；面向企业职工开展科普教育、创新方法培训和专利技术推送等活动，提高企业职工的科技素质服务。此外，中国科协还针对地方经济技术发展开展了院士工作站、厂会协作、金桥工程等项目。这些项目与当前实施的创新驱动助力工程是何种关系，目前尚无说法。在没有厘清的情况下，一些单位把原来的项目换个名、打个包，就当作助力工程。

从科协外部看，中国科协创新驱动助力工程与党委政府部门开展的创新驱动工作的关系还不明确。如与科技部管理范畴下的各种创新基地、技术中心、实验室等推动技术改进和创新的实体组织等的关系，与国家经济新政的兼容关系，如京津冀协同一体化、“一带一路”、中国制造“2025”、“互联网 +”行动计划的关系与界限等，还有待分析。在工作边界不清晰的情况下，工作中错位、越位和不到位的现象就容易产生。当然，科协组织作为社会化科技服务者，工作的边界本身就容易模糊，在不同时期，不同场合，角色发生转移转换也很正常

4.1.2 助力工程的服务和支持对象模糊

从实施工程最初的指导意见来看，创新驱动助力工程服务对象既包括政府也包括企业，既有宏观的规划，也有中观的产业问题和微观企业技术难题。就企业来说，服务大企业还是中下企业方式是不一样的，以谁为重点是实践必须要回答的问题。众所周知，创新驱动助力工程本来就源于学会能力提升项目，科协支持的对象应该只是全国学会，但没有地方党委政府的支持和地方科协的主抓，全国学会很难落地。从一年多的实践来看，在布局上，尽管在助力实施工程中确定了示范市和试点，但这些试点的选取随机性较大，缺乏科学合理的布局。从服务的企业来看，大企业的信息沟通渠道较多，而地方中小企业数量庞大、行业分布广，是地方发展的重要力量，他们有比较强的技术创新欲望，但自主创新能力有限。这些中小企业规模小，传统行业特征明显，转型升级和产品更新换代、拓展应用领域方面需求更为迫切，没有建立研发机构，更需加强产学研合作。在助力工程的实施过程中，应通过文件明确将经济不发达地区的中小企业作为助力工程的重点对象。同样，在科协系统内部，主要支持地级市科协的同时，省（自治区、直辖市）科协除了面上推动外如何更好发挥作用，也有待仔细研究。

4.1.3 助力工程协调对接精准性欠佳

助力工程的价值在于加强统筹协调，大力开展协同创新，形成推进自

主创新的强大合力，交流对接是保证工程质量的关键环节。但调研发现，助力工程各类对接活动往往依赖于试点单位负责同志的积极性、服务团队能否投入较大精力参与实地走访调研、专家座谈会组织情况等不确定因素。在实践中往往表现为工程对接精准度不高，存在需求与供给错位问题。这是因为很多地方科协提出的需求信息是从兄弟部门“借”来的，并非第一手资料，又没有经过核实；学会推荐的专家不对口，专业领域没有细分，都找学会熟悉的专家，或到哪个地方都是一个专家。亟需建立起学会、地方政府、地市科协“横向覆盖、纵向深耕、协调互动”的长效助力机制，推动学科领域助力地市、区县经济创新发展。

4.1.4　助力工程沟通交流平台有待加强

助力工程实施一年多以来，虽然在中国科协学会部和学会服务中心等单位的努力下，建立了月报工作机制、试点示范单位，也通过 QQ 群、微信群等开展了广泛交流联系，但学会在产业链条的创新资源与地方在地区整合资源能力的信息交换不充分，信息不对称。对一些典型案例的挖掘不够，没有形成可以统一宣讲的资源，宣传影响范围有限，对推动助力工程实施发挥的引导作用有限。助力工程的对接工具亟需充分利用互联网思维，网络化、平台化，亟需用互联网思维探讨科协活动组织方式创新，亟需建立相对统一的科技成果分享平台、助力工程经验宣传平台、学会公共服务提供平台，促进助力工程的互联互通。

4.1.5　对助力工程的经费保障不到位

科技创新是一项具有很高的外部经济性的活动，发达国家科技创新经验表明，仅仅依靠市场手段难以使科技创新活动处于最优水平，还需要国家财政方面的资金保障。助力工程的重点和主线在科技人才资源配置，实质是一种市场能力有限的科技创新社会化服务活动。目前，助力工程专项资金没有到位，主要是以奖代补的后补助方式，相关活动开展依赖于试点单位其他项目的收入，且在尚未形成较好利益回报模式的前提下，这将影响助力工程发挥作用。另外，助力工程中涉及到的类似专家出差等规定的补助津贴低于其他社会活动应支付的劳务费，导致助力工程受关注的程度下降。建议采取种子资金的方式对参与助力工程的地方科协、学会提供补助，对企业和科技人员发放创新券，调动他们的创新创业热情。

4.2　科协系统组织的烦恼

从组织结构上看中国科协是由全国学会和地方科协（省、直辖市、自治区科协）构成，地方科协（省、直辖市、自治区科协）又是由地市区级科协和省属学会构成，全国学会既包括各个专委会，还联系指导着各个省属学会；各级学会（包括专委会）的主要资源在于其会员，有形资产比较少；地方科协中服务企业的咨询中心（科技人员服务中心、创新办等）和学会部的分工相对明确。科协系统是一个由专家、学会和专职人员构成的相互融合的组织体系，其特点是内部联系强、分工细，外部联系弱，随机性强。就目前看来，科协系统组织实施助力工程具有以下不足。

4.2.1　组织体系和工作分工不协调

从组织架构上看，全国科协和地方科协之间尚未针对助力工程建立有效的工作体系。在科协系统内部，学会部牵头抓助力工程只是抓住了助力工程的支撑对象，咨询中心等联系企业较多的部门还没有动起来，助力工程的服务对象还不是很多，需求拉动机制没有很好形成。在科协系统外部，学会的众多科技人才又分散于高校、科研院所。

全国科协和地方科协在助力工程中各自的身份定位是什么？如何构建科学合理的工作体系是迫切需要解决的问题。从组织管理看，部分省级科协没有发挥应有作用，存在组织“缺位”问题。部分省级科协认为，助力工程是全国学会直接对接地市级城市，不知道省级科协能做什么；有的省级科协跳过地级市直接对接区县，把地市级城市全部交给中国科协。从工作内容上，长期以来科协一直致力于开展各种科技服务促进经济社会发展，尤其是在当前科协系统全面深化改革，科技社团积极承接政府转移职能的大背景下，如何通过助力工程整合科协服务能力，是否应将学会拓展公共服务能力等方面的工作融入到助力工程内涵中来，有待明确。从资源整合上，近年来，科技服务业呈现出网络化发展的趋势，目前已出现城市网络、区域性网络和国际化网络等。这些网络种类繁多，组织形式多样，专业化程度高，除为技术转化和产业化提供信息、咨询、技术、人才和资金等支撑服务外，还直接参与服务对象的技术创新过程。但助力工程的推动实施仍然依靠学会、区域科协、地市科协的自身传统优势，尚缺乏顶层整合资源的力量，推进全国学会与地方产业合作的组织协调力度不够大，同时还缺乏必要的监督、协调机制，在金融、税收、信贷、知识产权和人员流动等方面尚未形成有效、完整的配套措施。

4.2.2　围绕工程的资源梳理与集成乏力

科协在创新驱动助力工程中承担着组织、协调地方政府、学会、企业的作用，推动工程落地，助力地方企业创新发展，为此要全面梳理各主体间的资源，从中找出能够协同创新的工作模式。但从目前情况来看，尽管地方科协特别是市县级科协与所在地企业科协有着直接的业务关系，沟通非常方便，但因人手不足、人员素质不高，很难对企业需求的专业领域和方向进行梳理细化分类，这就造成企业需求与学会专家对接不准的问题。

4.2.3　科协基层组织建设工作薄弱

科协的基层组织包括企业科协、高校科协、社区科协和农技科协等，基层组织联系的会员一般从事具体的科技工作，是我国创新驱动的基本依靠力量。随着我国万众创新、大众创业的广泛开展，使整个社会环境发生变化，科技工作者创新创业的意识逐渐增强，新生的科技力量正在走出原来的大中型企业和高校院所，走进小微企业或者新创企业；基层组织会员流动性大是我国经济新常态下的重要特征，加强基层组织建设是做好服务创新创业“新四军”的一项重要工作。创业企业和小微企业在当前发展阶段大多数尚未建立企业科协，大部分基层组织和青年科技工作者组织关系淡薄。创新服务方式是成立企业科协联盟，或者依赖区域科协发展，开拓科协组织服务渠道来打通与新型创新力量沟通的环节，还需进一步探索。

4.2.4 专职人员专业化服务能力亟待提升

助力工程在广泛实施和取得成效的过程，对服务人员知识产权专业能力提出较高需求。在以知识为基础的新经济时代，知识创新是促进经济增长的原动力，知识产权专业人才队伍建设是保障新经济模式可持续发展的基本因素。充分发挥专利信息导航作用，开展知识产权维权援助工作，提高小微企业知识产权运用能力，需要懂技术、懂经营、有知识产权法学知识的复合型人才。但就目前来看，科协专职干部中科技人员比例不高，没有专业背景和相关工作经历，为企业创新服务时就很难产生共鸣，影响交流效果，学会、地方科协、区县科协专业服务能力亟待提升。

4.2.5 服务理念和认识与工程要求不适应

传统的业务定位和政治属性使得科协与创新驱动的要求不相匹配。科协是科技工作者之家，是科技共同体的重要组织载体，开展“学术交流”和“科学普及”被认为是科协的主业，它们与创新驱动强调经济性、市场起决定作用等理念存在冲突。部分科协专职干部不认可科协甚至是为科协服务的学会进入市场开展服务。科协联系的部分专家、学会对创新驱动的参与形式和成果转化方式也存在着一些分歧。一些地方在对接活动结束后，不是主动联系跟踪后续进展，而是等着企业和专家自己去落实。学会作为科技社团还需要在会员互益和公益之间进行平衡、寻准着力点、实现新突破。

4.2.6 完整的助力创新服务“链”尚未形成

科协系统服务、企业创新服务模式都是围绕某一企业内部创新开展的，而围绕某一行业整体创新以及某一区域创新开展的服务比较少。随着企业创新外部效应的显现，企业外部的行业整体创新政策设计、共性技术攻关、上下游产业链资源的整合和配置应是服务企业创新的内容和重点。全国学会与地方产业的合作模式主要是委托科研、技术转让、联合技术攻关等松散型合作方式，如何向紧密型的共建产学研基地和科研、开发与经营实体的方式转变，解决客观存在的合作短期化、任务单一化等问题。如何形成全国学会依托行业、立足地方的产学研合作长效机制，推动全国学会服务地方科技创新、科技进步、转型升级、人才培养等工作，有待进一步研究。

4.3 学会服务能力的制约

助力工程是一项专业性很强的工作，地方政府也好，科协也好，做的都还是牵线搭桥的“外功”，能产生效果的“内功”在专业学会。目前看学会在助力工程的服务能力还有待提高，原因如下。

4.3.1 缺乏经营学会的理念

国外优秀社团组织的发展经验告诉我们，要想充分发挥社团组织的作用，必须在所属领域内建立利益共同体，用长效机制来约束和推动社团开展各项活动，用经营理念来经营社团组织，用市场来引导项目实施。《中共中央关于全面深化改革若干重大问题的决定》（2013）明确提出“使市场在资源配置中起决定性作用和更好发挥政府作用……健全技术创新市场导向机制，发挥市场对技术研发方向、路线选择、要素价格、各类创新要素配置的导向作用”。然而，目前的学会，有的仍然在行政管理范畴下开展工作，独立性不强，缺乏应对市场的能力和经营能力，发展活力和服务能力都有待挖掘。

4.3.2 部分学会的公信力不足

企业对学会以及学会派来的专家缺乏信任与认可，这是调研中普遍反映的问题。学会要从以下几个方面重塑自身形象，扩大社会影响：组织建设与治理能力、宣传普及能力、组织科研承担项目能力、开展咨询服务能力、发现与推荐人才能力和生存能力。提高以上能力，外部制度环境的营造固然重要，然而苦练内功更为根本。为此，要学会在理念层面上，树立公益意识，突出专业技能优势，注重打造自己的品牌，树立公众形象；在制度层面上，要通过完善规章制度，加强自律和监督，来提高组织战斗力；

在操作层面上，必须通过服务社会，勇担重担来获得实践经验，在推进国家创新战略、服务经济社会发展和创新社会管理中获得政府和公众的信任。

4.3.3 一些学会不善于接地气

全国学会因其特有的国家优势，除了大院大所外，较多依靠原有科协系统的大中型企业，或者技术优势明显的企业发展学会分支机构和服务对象，尚未完全解放思想，深入到小微企业、创业企业的基层中去，仍有“高高在上”之嫌或者说没有建立良好的服务对象发展梯队和层级管理。

4.3.4 学会的资源协调能力有限

企业以经济利益最大化为导向，他们的科技需求往往比较苛刻，学会常常解决不了，这是一个主要矛盾。以保定为例，市委、市政府对助力工程寄予了厚望，目前，企业科技需求特别旺盛，但是由于种种原因，还存在有些需求在全国学会得不到有效解决的问题。

4.4 工程主体之间的纠集

顺利组织实施助力工程的一个重点是协调多方利益关系。创新驱动助力工程的组织实施过程中，既有全国科协和地方科协，也有全国学会、地方政府和企业。从科协来看，是谁有时间、有精力、有热情就抓一把，从学会来看，哪些专家好说话就请哪些专家，从地方政府来看，走过场、应付工作的心态比较严重。由于各组织的目标追求和价值取向不同，难以形成创新协同效应。

一是地方政府与地方科协的关系还未理顺。目前地方科协在与政府的合作中，依靠政府支持和帮助，长期以服务机构方式存在，为政府提供无偿服务，对政府依赖性较强。但在承担政府职能转移中，逐渐参与社会公共服务，又是以“第三方”角色在政府与市场关系中独立发展，使得在助力工程实施过程中，地方科协在与地方政府接触时，一会儿是服务机构，一会儿又是下属机构，角色来回转换，与政府关系含糊不清，导致沟通不对等，无法取得理想的效果。在实施助力工程中，应调整地方科协自身定位，特别是重新塑造同地方政府各级主体间的关系，真正意义上承担起为政府服务、为企业服务的中介职能，不能回避各方的问题。中国科协也应建立与各级政府的协调工作机制，特别是塑造与地方政府各级主体的关系。改变由地方科协和学会组织承担具体工作，同时兼顾政府关系协调职能的现状，完善各级科协与各级政府间对接的相应工作模式，承接对接责任，明确各级工作流程。

二是地方政府对助力工程的认识还有待提升。在助力工程中，地方党委政府应该是工程的主导者。调研表明，助力工程实施过程中，中国科协与地方政府对接主要依靠地方科协自主协调方式开展工作。科协系统与地方政府衔接相对松散，正面接触较少，针对助力工程未开展正面业务联系。此次助力工程实施，由科协发起，各级政府配合的模式，需要各级政府对助力工程深入认识并高度认可，彻底接受后配置相应政策和具体措施，才能使得工程在地方各级行政单位中顺利实施。在与地方科协调研中，呈现出不同声音，以保定科协为代表的地方科协表示得到了地方政府的大力支持，助力工程被列为政府工作一号工程，地方政府予以配备人力、物力，配合开展助力企业创新，而这类地方科协在工作开展中，也获得了企业的重视，并积极参与，获得了良好的成效。而在学会调研中，部分学会表示地方政府配套措施欠缺或与创新工程实施具体方案相抵触，或者同一省辖区范围内，不同地区政策不同，在一定程度上阻碍了工程的实施。这两种情况说明，与地方政府对接是否顺利成为工程实施中的先决条件，全国科协和地方科协应与地方政府建立良好的沟通机制。

三是企业创新意识不足，对助力工程存在误解。如苏州市吴江区某医疗器械公司是“千人计划”人才企业，在人造心脏瓣膜及其植入系统的研发已经走在国际同行前列，当中国生物医学工程学会的两位专家到访调研时，办公室主任进行了接访，带领参观实验室和车间，当与专家交流时，办公室主任感觉到专家的“分量”，立即请公司副总出面接待，在进一步交流中，副总认识到专家的建议对企业发展有着重要意义，又请董事长出面和专家交流，在深入交流中，董事长发现自己在医疗器械实验检测领域还有不足之处，需要尽快改进。董事长坦言，起初认为公司在技术研究方面已经属于国际领先水平，对此次技术对接重视程度不够。通过学会专家的调研与交流，不仅给公司节约了2000多万元经费，还让企业认识到助力工程的合作应该是多方面的，希望可以聘请学会专家作为企业发展的顾问。一些企业则是观望，有政府投入才愿意继续推进合作。此外，也有些企业习惯了检查、评审，总认为专家团队到企业调研就是为了给企业做宣传，扩大企业知名度与影响力，在调研沟通时，自觉或不自觉地展示企业亮点，失去了调研的真正意义。这就需要地方科协事先讲清调研目的，进行充分沟通，让专家团队有的放矢。

4.5 发展环境遭遇的挑战

助力工程在开展过程中，不断面临新的挑战。一方面，“万众创业、大众创新”催生各式各样的企业产生，已经成为经济新常态发展的新引擎，“互联网 +”行动在全国范围内更是掀起了跨界融合创新的浪潮，宏观发展背景的一致性，导致在短期融资、科技金融、商业模式等方面的共性需求；另一方面，企业多元化发展，国际化发展、跨区域合作、跨学术领域的技术创新越来越多，跨国公司、大型企业与中小型企业、小微企业、新创企业分别在不同的需求层次上。科技工作者不同年龄层次的特征、企业需求的一致性与差异性、学会专业细分和交叉融合并存的趋势交织在一起，构建了助力工程呈现的多维服务空间。大学科领域、全产业链学会集群的建立将成为必然趋势，学科之间的交叉和学会之间联合活动需要更加常态化。

总而言之，从操作层面看，助力工程既有对接精准度不高，创新需求与供给的错位问题，也有跟踪落实不到位，存在“意向”多、“落地”少的操作问题。从更大视野看，如何面对科技人员、企业和地方政府的多样化需求，如何协调多个利益主体，如何处理与其他部门创新活动的关系，不只是助力工程更是当前科协整体工作面临的挑战。

第 5 章　国内外各类组织开展创新的做法与启示

他山之石，可以攻玉，国内外各类组织在推动创新创业方面有许多做法值得我们思考。尤其是美国、德国等一些发达国家在利用科技创新服务产业转型方面取得了较大的成绩，有许多成功的经验可以借鉴。

5.1　创新强国和地区支持服务科技创新的经验

国外的科技学会、协会、社团等科技中介服务机构，作为政府和企业之外的重要的第三方部门，常被统称为非政府组织（NGO），在政府部门的支持和自身努力下，围绕科技创新与科技成果转化方面发挥着日益突显的作用，成为推动各国科技创新、企业发展的重要力量。

5.1.1　美国支持科技社团服务的做法

美国的科技中介服务业极其发达，各类组织机构形成巨大的网络，在不同层面、不同领域，为服务对象提供个性化服务，目前拥有 57 个州中心和 950 个分中心，成为促进美国科技成果转化和经济持续增长的重要社会力量。

美国的科技服务机构和科技中介机构，包括科技社团、行业协会等在发挥其功能的过程中，形成了比较完善的运行模式和管理体系，在促进科技创新和科技实践方面具有成熟的经验。美国在政府、科技服务机构（学会、协会等）、企业之间建立了有效的合作运行体制，并为此提供了相应的法律政策保障，确保新技术研发与转化之间及时的对接和转移。

（1）提供科技服务机构参与决策和创新的法制政策保障

政府通过立法、政策导向，推动、引导科技服务机构和中介机构关注科研机构和企业的技术创新，推动科技中介机构在技术成果与市场之间搭建平台，沟通政府与创新主体、应用主体之间的联系。为保证相关科技服务机构在科技决策和科技创新中发挥应有的功能，提高科技创新的时效性，美国将科技服务类的中介机构纳入了科技决策的法定程序，规定超过100万人的城市应建立服务区域发展的科技中介综合机构和组织，从法律、法规及市场竞争等方面均给予科技中介机构较大的发展空间和适宜的市场环境。

自20世纪80年代以来，美国国会已经制定和发布与技术创新活动和技术信息服务有关的法律、法规近20个，主要内容包括：成立专门机构推动技术成果转移；规定开展技术转让是所有国家实验室、科学家和工程师的义务和职责；明确技术转让的经费来源、利益归属；允许国家实验室通过中间合作商为中小企业提供服务等。这些法律规范了科技社团中介服务的主体职责，从根本上保证和支持了科技中介服务机构的业务开展。

（2）加大对科技服务机构的投入和政府购买支持力度

美国政府对科技服务的采购主要是通过非营利性的科技社会组织来实现的，为提高科技服务的质量和效果，美国政府加大对科技服务机构和组织的经费投入和支持力度。仅科技咨询服务这一项来说，美国政府每年提供约1000万美元。科技创新的主要投入来源于企业，以企业科技投入的增长带动整个社会科技投入的增长。政府采取多种措施对科技中介服务加以扶持。例如，直接资助建立国家科技中介机构、给予非营利性机构优惠政策、加大科技中介机构发展资金支持力度、给予中小企业购买科技中介服务以补偿等。美国对不同性质的中介机构采取不同的管理方式，非营利性的组织或小型组织会享受到政府相应的优惠政策。

（3）搭建多样化的技术成果转让平台，推动产学研合作

根据不同区域发展的需要，美国的各级政府之间、科研机构与企业之间、企业与企业之间搭建了多样化的技术成果转让平台，包括：在联邦政府和州政府之间搭建科技合作平台，在企业之间搭建技术合作平台，并建立一系列技术合作计划。

通过政府间的科技合作平台，可实现国家级科技实验室的先进技术与各

地区的技术需求相对接，从而使得技术成果有针对性地及时转让到各级政府和各个地区的企业；通过企业之间技术合作平台的建立，可实现不同企业、优势科技资源的有效整合，更好地挖掘企业在协同创新方面的研究潜力和转化能力；建立科技合作计划，是美国促进技术成果转化，推动创新发展的重要举措，包括地区技术转让、小企业创新计划、制造技术合作推广计划等多方面的合作计划。如地区技术转让计划就促使了航天航空领域的高新技术转让到企业，使联邦政府与企业、科研机构之间合作成为可能。

此外，美国政府与企业、高校之间还建立了诸如大学－企业技术开发中心，政府－企业联合体等产学研相结合的多种技术合作形式，将各级政府、企业、科研机构的资源联合贯通起来，实现各相关机构的科技政策参与、高新技术研究和技术成果转化。

（4）推动行业协会承接政府职能转移，搭建资源整合平台

美国绝大多数的企业都参加了不同的行业协会，行业协会把全美范围内的企业从不同角度联系起来。美国政府十分重视发挥学会、协会对企业生产经营活动的协调和指导作用，将部分原属于政府的职能，如行业管理、项目评估、市场监管等交由有关的科技中介机构完成，以促进科技服务的快速发展。由此，专业学会和行业协会代替政府有关部门承担诸如行业发展规划、行业政策制定、下属企业生产销售等多项管理职能，在促进行业管理效率的同时，为政府管理行业经济的发展构成了有效补充。

行业协会、学会在对上承接政府职能的同时，对下为企业提供科技创新方面的资源整合服务。许多协会组织都会提供相关科技情报的检索服务，当企业在技术研发、技术改造时遇到困难和问题，可以到相关的协会组织查询相关信息和资源，而这些信息资源的检索服务针对会员企业是免费的，即使收费也非常低，为企业提供了极大的便利。在协会组织的信息搭桥与资源对接下，美国形成了许多中小企业的科技网络，为企业的生存和发展提供了稳定的资源基础。

（5）促进科技服务机构业务关注点向创新中上游发展

绝大多数的科技服务机构自成立以来，其工作的侧重点主要集中于创新活动的下游环节，即技术的推广和成果的转让、转化，这一方面的经验模式也日趋成熟。近年来，美国一些发展程度比较好的科技服务机构着手

向创新活动的中上游拓展服务环节，为企业提供从技术立项、融资、开发到研究、咨询、管理等一条龙服务。如：美国国家技术转让中心（National Technology Transfer Center, NTTC），建立了一支来自科技、工程、市场、法律、金融等各个领域的专家团队，为联邦政府、企业、科研机构提供项目评估、技术研发、金融分析、成果转化等一系列的科技创新服务，极大地促进了科技创新的进步。

美国国家技术转让中心的科技中介服务

美国国家技术转让中心（National Technology Transfer Center, NTTC），由美国国会于1989年成立，旨在美国的工业企业、联邦实验室和高校之间建立合作关系，满足企业在技术、设施和研发人员等方面的需求，以实现企业的快速发展。该中心在企业、研究机构和政府部门之间建立了长期的合作关系。在20年的发展历程中，该中心的重点是为联邦机构及其他成员的科技技术商业化提供全国范围内的基本服务。同时对商业市场和政府市场进行研究，准确定位各机构对科技技术的一系列需求。NTTC的专家来自各个领域，包括：知识产权管理、工程、计算机信息/数据发展、专业技术出版物出版、市场分析、平面设计、商业和制造业咨询、金融分析、培训等。其中，在“科技与市场评估”这项服务项目中，包含了技术评估、技术对接、软件评估、专利组合分析和分类、市场调研、合作关系拓展。

NTTC提供资讯及有关知识产权的管理培训，并建立了资讯档案，把全美700多个实验室以及数千个研究开发成果资料纳入了“应用技术资讯系统（FLC）”合作，通过全国六个“区域性技术转移中心（RTTE）”进行技术评估、市场调查及技术中介等工作，是美国政府支持的规模最大的知识产权管理服务机构。另外，大学里的技术转移办公室（TLO）也被认为是官方中介机构，其主要工作是进行技术转移，主要是将大学里的技术成果转移给合适的企业，同时把社会、产业界的需求信息反馈到学校，推动大学与企业的合作。

5.1.2 欧盟推动科技创新的平台模式

科技创新是欧盟区域发展的核心内容，欧盟各国政府都非常重视科技竞争力的提高，对于科技创新的支持力度很大，欧盟的研发预算仅次于美国，位居全球第二。欧盟自 1984 年实施“欧盟第一研发框架计划”到 2013 年“欧盟第七研发框架计划”结束，30 年间研发与创新投入不断增长，从 32.71 亿欧元逐年上升至 558.06 亿欧元。2013 年，“欧盟 2020 发展战略”启动，“地平线 2020”计划成为新的研究与创新计划框架，成为实施创新政策的新工具。“地平线 2020”将未来 7 年的创新研发投入增加至了 770 亿欧元，预计到 2020 年欧盟研发与创新投入占到欧盟总财政预算的 8.6%，旨在推动科研人员的创新与突破，以及促进新技术从实验室到市场的转化。“地平线 2020”在创新科技研究、未来新兴技术、中小企业创新等多个方面都规划了相当规模的投入，目标是确保欧盟产生世界顶级的科学，消除科学创新的障碍，在创新技术转化为生产力的过程中，融合公众平台和私营企业协同工作。

以支持中小企业创新为例（图 5-1），欧盟在“地平线 2020”计划中包含“中小企业创新计划”，提供直接和间接的资金支持 6.16 亿欧元，为中小企业的创新和成长创造良好的生态环境，搭建桥梁，支持研究、开发和创新。另外，欧盟的 COSME 计划也为未来 7 年中小企业创新提供了 35 亿欧元的资金支持。由此可见，促进中小企业的创新和提升，促进科技成果的研发、创新和转化，成为欧盟推动科技创新的重要内容，是欧盟未来促进区域创新的重点战略内容之一。

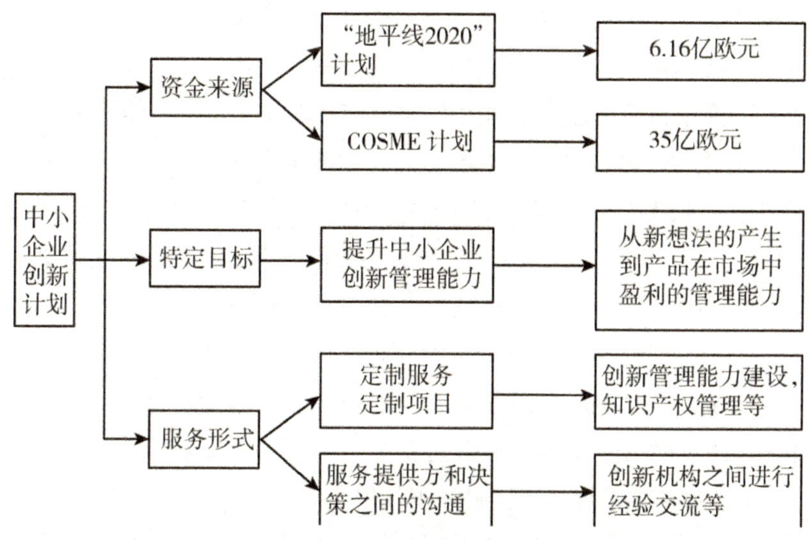

图 5-1 欧盟“中小企业创新计划”体系

不断加大在高新产业创新、新兴科技研发、科技成果转化等方面的投入，推动了欧盟很多创新型国家在科技研发、技术成果转移、转化方面都形成了成熟的模式，比较具有代表性的是德国。德国科技政策的核心是促进全社会创新能力的发展，用于科技创新研发上的费用占国民生产总值的比率居世界前列。德国的科技社团和科技中介服务机构，在推动科技创新发展方面也积累了的成功经验，主要体现在产学研合作和技术成果转移上（图 5-2）。

（1）应用技术协会搭建产学研合作平台

科技协会在促进德国产学研相结合协作创新方面发挥着重要的作用。德国的应用技术协会，是连接政府、科研机构与企业之间的桥梁，是促使基础理论研究和应用研究相结合的纽带，为新型产业技术成果的转化搭建了官－产－学－研相结合的平台。德国的弗劳恩霍夫协会，是欧洲著名的应用科学研究机构，其宗旨就是为了帮助企业界获得最新的产业技术，以实现创新驱动发展。弗劳恩霍夫协会面向市场、工业企业，提供合同式的研发服务。协会各研究所除了接受欧共体、德国国家、各州的委托进行开发研究以外，主要为工业企业，特别是中小企业进行合同式的研究开发工作，为企业，特别是中小企业开发新技术、新产品、新工艺，协助企业解决自身创新发展中的组织、管理问题。

弗劳恩霍夫协会通过与企业的紧密合作促进科研成果的产业转化，同时还不断输出人才，提高企业的科技创新水平。在当今工艺技术迅速发展的时代，弗劳恩霍夫协会不仅在不断地开发新的研究领域，也在不断改进科研工作的组织方式，以适应市场的需要。该协会下属的研究机构承担产学研合作促进技术成果转移的主要职能，如弗劳恩霍夫协会两个最大的研究机构：生产技术研究所和激光技术研究所，既属于弗劳恩霍夫协会，同时也属于著名的亚深工业大学。这样的机制设置使得一个机构将大学的基础科研与实际生产工业技术的研发紧密地结合在一起，充分发挥了大学与工业研究机构的两大优势，而使德国的技术创新体系能够准确定位市场需求，及时做出创新举措，推动科技进步。

（2）技术转移平台注重模式和服务内容创新

德国的社会化科技服务体制比较完善、发展比较成熟，以德国史太白中心为代表的民间技术转移中心在高新技术的推广、技术创新推动中取得了突飞猛进的发展。

技术转移服务内容多元化，服务领域具有前瞻性是德国技术转移中心的一个特点。德国史太白中心（Steinbeis），是以技术成果的转移服务为中心的科技中介服务机构，在科技专家、研究机构和企业之间搭建了有效的服务平台。该中心按照服务对象即企业的需求，将技术成果转化为有市场竞争力的产品，形成了相对成熟、颇具成效的科技成果转移模式。史太白中心针对企业提供的科技服务，包括科技咨询、科技研发、国际技术转移、职业培训、评估报告，涉及新材料、自动化、制造技术、生物技术与基因工程等多个科技领域。

技术转移定位准确，专家对接专业性强是德国技术转移中心的另一个特点。史太白中心构建以专家学者为中心的技术转移服务网络和开放式创新网络。史太白技术转移中心基于各类大学和研究机构发展而来，吸引了大批的学者教授参与，从而保证了技术转移的专业性和质量。技术转移服务，以科技咨询为先导，充分对接企业的需求，集中收集帮助企业达到最适技术状态与最佳效益的信息，扩大信息共享和技术存量的流动。史太白中心的专家立足于企业的需要与利益，根据不同企业的问题与不同的市场环境，利用中心的技术与开发能力，从技术与管理两个方面，为企业在整体上解决问题。中心组织专家下到企业调研，免费为企业诊断，提出报告和意见，或者签订有偿合同。以此为基础，指导企业准确地调整内部的关键技术，对现有技术、程序与产品进行改造与优化，开发与推出适合市场营销的新技术与新产品，从而实现技术的成功对接与转移。

（3）政府提供法制政策保障

与美国一样，德国政府为社会科技服务机构提供法制政策保障。在史太白技术转移过程中，政府提供了一系列的优惠政策和支持措施，包括税收优惠、拨款资助、政府服务采购。因为史太白中心是非营利性的组织，德国针对此类组织制定有相应的税收优惠政策，各州政府还会根据各地的发展情况对史太白经济促进基金会提供一定的资金资助。另外史太白中心还承接政府采购项目，提供有关经济、技术、人员、金融的可行性评估报告。这些法制政策很好地保障了该中心在技术创新领域的运营。

德国史太白技术转移中心的科技中介服务

史太白中心（Steinbeis），成立于1971年，是由史太白技术转移中心总部与分布各地的史太白专业技术转移中心组成。该中心成立的宗旨是“企业的伙伴、促进创新的信息与咨询源泉、技术和知识的中心”。各地史太白中心由大学研究中心、独立研究中心和科技型企业自愿申请参加。

史太白中心定位于技术中介服务组织，是政府、科研机构与企业间联系与合作的平台。按照服务对象的需求，将技术成果转化为有市场竞争力的产品，是该中心的首要工作目标。中心工作有三项原则：利用现有的研究基础设施，企业的问题从整体上解决，各技术转移中心独立核算自由决策。

史太白中心主要有五项服务内容：（1）科技咨询。为服务对象提供技术或市场开发的专门咨询与信息，提供对报告与项目的实施监督；（2）研究与开发。向企业提供第一手的现代化技术并开发新产品新工艺、新系统；（3）国际技术转移。提供国外项目服务，开辟国际新市场；（4）职业培训。为企业人才提供前沿技术知识和管理战略的培训；（5）评估报告。对申请资助的项目进行评估。服务的领域涉及十个主要的方面：新材料、自动化、制造技术、机械工程、计量、质量保证、生物技术与基因工程、微电子技术与微系统工程、信息与通信工程、现代企业管理等。

（4）研发机构与企业的高效对接

除此之外，德国还在一些高校建立了校企合作中心，以促进产学研的不断创新，高校的办学理念也在不断强调科研与生产的结合。在政府的主导与支持下，成立了多个校企合作中心，促进了人才和产业的发展，大量科研成果由此转移为现实生产力，加速了科技和经济的发展。为帮助中小企业解决创新研发能力不足的问题，成立了产业研究会，实现研发机构与企业之间的对接，解决技术难题，促进企业创新。

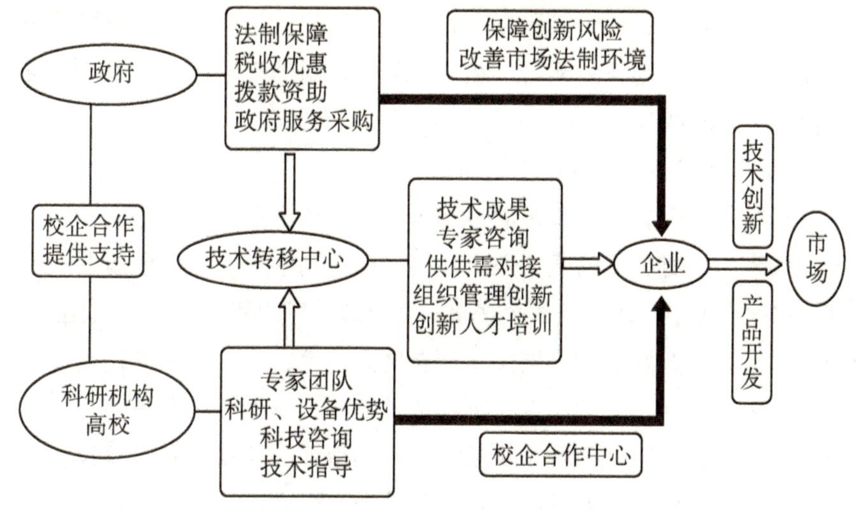

图 5-2　德国技术转移中心技术成果转移模式

5.1.3　日本推动科技创新的经验

与美国和欧盟一样，日本在推动创新驱动发展的过程中，在法律、政策、投入等方面都制定了积极的保障措施。相比欧美国家，日本的科技创新促进经济发展的速度和成效是非常快的，成为通过提高企业创新能力快速赶超先进工业化国家的少数国家之一，其经济实力和科技创新力居世界前列。

区别于美国市场干预型的科技创新体系，日本的科技创新体系主要是由政府主导的，制定科技创新政策是日本政府实施科技创新的重头戏。从1996 年第一期《科学技术基本计划》到目前正在开展的第四期，都强调了国家对于科技创新的重视，其中在第三期中提出了推动国家创新体系构建和改革的意见，第四期中提出的各项措施则是要将科技创新政策更加体系化和深入化。从第四期“基本计划”中可以发现，日本在新时期的科技创新方面突出了两个特点：一是，围绕社会发展问题，开展战略性创新。日本在开展某一项创新项目之前，会预先分析和确定本国和世界所面临的一些社会问题，围绕这些问题开展技术的研发和转化，实现为社会服务的目的。可以说，这一创新的形式特点是与世界创新的未来发展趋势相契合的，使得创新技术的转化价值有了更大的提升。二是增加基础研究的价值再创性。日本鼓励企业和科研机构对一些已经取得创新的基础研究进行进一步的创新，提升原始创新的能力。在这一基本计划的指导下，日本的科技创新取得了显著的成效。

（1）实现科技与金融的有效合作

日本对科技创新提供积极的金融支持，除了商业性的金融机构外，政府推动大型的、有影响的政策性金融机构参与到中小企业的创新发展中，为其提供融资服务。政策性的金融机构由财政全额出资或以PPP机制运营，前者有中小企业金融公库、国民生活金融公库等，后者比较有代表性的是商工组合中央金库，为中小企业创新成长提供了有力的融资条件。同时，政府还针对科技金融合作制定了相应的信用保证法律规范和风险投资市场机制，以保证融资渠道的通畅。这种科技与金融合作的模式，在实现日本企业创新性发展和国家经济实力增长方面达到了双赢的目标。日本大多数著名的企业，如东芝、松下、丰田等，都是由中小企业经政府的金融支持和其他政策性支持而发展壮大起来的。

（2）构建开放性创新的合作网络产学研

日本以企业作为创新主体，围绕企业创新开展产学研合作的机制。在第一期的《科学技术基本计划》中，日本将产学研合作作为基本国策，从各方面鼓励大学与企业的合作，尤其是在尖端科技领域的合作，支持依托大学和科研机构建立技术转移中心。为促进大学技术成果向企业的转化，日本还通过了《大学技术转移促进法》《研究交流促进法》等的部分修正案，为大学－企业的技术转移合作提供相关的优惠保障。

在政府推动的同时，日本的科技中介服务机构在推动产学研合作方面也发挥着关键作用。日本科技振兴机构（JST），是日本最重要的科技信息机构，通过开展委托开发、创新技术开发研究、专利化支援等事业，推进日本的产学研合作。日本科技振兴机构为促进产学研合作创建了一系列的服务平台：① 创办《产学研合作杂志》，为产学研合作方提供交流与互动的平台；② 建设“产学研合作支持数据库”，下设“产学研合作事业与制度数据库”“产学研合作从业人员数据库”和“产学研合作机构数据库”三个子数据库，向企业、大学、研究机构和技术转移机构等提供有关产学研合作的各种信息；③ 通过 JST 官网发布有关产学研合作的政策、建议、报告，并及时更新报道本国国内最新的产学研合作信息，以供相关合作方查阅；④ 开通技术转让援助窗口，在大学、研究机构、企业之间架起桥梁，免费向它们提供有关各省厅实施的技术转让信息咨询和企业推广服务。JST 的科技创新服务为日本的科技振兴、技术研发、科技成果转化、科技成果推广等起到了关键的作用。

日本科技振兴机构促进科学技术信息流通的服务

日本科学技术振兴机构（Japan Science and Technology Agency, JST）是根据日本《独立行政法人科学技术振兴机构法》成立的独立行政法人组织，隶属于文部科学省。JST 是日本的国立科技中介组织，也是日本最重要的科技信息机构。JST 以 "科技创新立国 " 为目标，是日本资助基础研究、执行国家科学技术基本计划的具体实施中心。

JST 的服务定位是：创造可孵化的技术，促进从基础研究到产业化的研究开发，构建包括促进科学技术信息流通在内的科学技术振兴所必需的基础环境，实现日本科学技术的振兴。为了促进研究成果迅速实用化，向企业授权可能的大学、公共研究机构、JST 等的研究成果，将专利信息、技术孵化信息、研究报告信息建立数据库，通过网络免费提供，从而实现科技信息的流通，提高了企业创新的及时性。

此外，为支持研究者和技术者的研发活动，JST 对日本国内各学会、协会发行的学术论文杂志从其创刊号开始进行电子化，并对外提供服务。可以阅览明治时期起的日本研究成果，并收录了众多具有世界影响力的著名论文。为促进科技服务人才的发展，JST 的科技信息流通服务还将教育、研究和产学研各领域的职业需求信息建立数据库，以便于有求职意向者获取所需信息。JST 在国家科技创新立国的体制中，追求稳步的发展，随时从科研工作者和企业的真正需求出发，在科学评估方法的基础上，摒弃没有价值的服务，开展新服务，并基于全球性科研创新的定位，开展国际合作。

（3）构建关于科技创新的绩效评估机制

为评估科技政策实施的情况，衡量科技创新的效果，日本政府探索建立了相应的绩效评估机制。日本在 21 世纪初期出台的《国家研究开发评价指导性大纲》《构建大学质量保障新体系》等政策、法规，为建立科技研发绩效评估制度提供了基础。科技创新效果的评估内容包含项目评估、绩效评估和综合评估三个部分。项目评估发生在项目的立项阶段，以对投入与预期收益形成预测；绩效评估是关键环节，通过研发创新的显性效果衡量其隐性价值，也就是检验、认证科研项目的经济效益和社会效益是否达到了预期的目标；综合评估是最终环节，是对创新项目从研发到转化的整个过程的评估。这套评估机制的构建，可以形成对科技创新过程的良性监管机制，从而提高科技项目研发与成果转化的成效和价值。

5.2 国外创新驱动发展的经验对我国的启示

5.2.1 政府加强顶层设计与财政支持

一是有规划地逐步实现科技创新从政府主导型向市场主导型过渡，以适应经济增长要素驱动向创新驱动的过渡。国外的创新驱动发展因国情和发展机制不同而形成了不同的形式，欧美国家主要以市场为主导开展创新，日本则是以政府作为创新的主导，都是符合各国经济发展实际的创新形式。我国在实施创新驱动发展的过程中，可充分分析和参考其他国家成熟的创新经验，结合本国的创新实际，总结以往政府主导创新的经验和不足，把握市场主导创新的规律和风险，实现向新的创新主导形式的跨越；

二是继续完善保障科技创新的政策法制环境，加大投入力度，着力培养中小企业的创新能力。对中小企业科技创新能力的重视，是目前国外创新型国家创新发展战略的重要内容。中小企业的创新潜力巨大，但缺乏完备的创新环境和条件，为此我国政府在项目研发、资金支持、科技成果转化、专利转让等方面出台相应的政策法规，为中小企业创新提供制度保障和政策优惠。

三是拓展科技与金融合作的新途径，为企业科技研发、技术转化提供通畅的融资渠道，降低企业创新的金融风险。欧盟的 COSME 计划和日本的政策性金融机构、PPP 机制等科技金融合作的创新投入形式，已经有力地推动了很多新兴企业和尖端中小科技企业的成功发展，这方面的经验值得我们在创新驱动发展的资金投入方面进行借鉴，特别是公私合作模式的科技金融合作途径，可用来拓展科技创新的融资新渠道。

5.2.2　科技社团和中介机构主动作为

一是学会、协会及科技社团有针对性地承接政府科技创新管理职能，搭建与当前创新环境和创新定位相适应的产学研结合平台。国外学会、协会承接政府科技管理职能，整合企业资源促进技术创新与转化的经验，为我国的专业协会、学会和科技社团承接相应的政府职能提供了很好的借鉴。在科技创新管理方面，原先一些属于政府的管理职能，如项目的评估、科技咨询等可由专业的科技服务机构承担，与企业和研究机构之间建立紧密的联系及时掌握高校和科研机构的最新技术成果，及时了解企业的需求，在政府与企业、研究机构之间搭建桥梁，搭建信息互动、资源共享、通力合作的产学研合作平台，实现技术研发与转让的无缝对接，提升创新能力与水平。

二是提高服务科技创新的前瞻性和全面性，拓展科技创新与技术转移平台的多样化路径。科技服务机构服务科技创新的关注点，应随着科技竞争环境和科技创新趋势的特点而进行适时地调整，从而提高前瞻性。从美国、德国等国家科技服务机构服务科技创新的成熟模式可见，技术成果的研发与转化是科技创新服务的核心内容，但不是全部内容。要提高科技创新的实际价值，还应在评估、咨询、管理等其他创新环节上提高服务的水平，提供多元化的科技平台服务。

三是构建评价科技创新驱动发展成效的第三方评估机制，加强对科技创新过程的管理。借鉴国外对于科技政策实施情况的评估标准，以及对科技项目研发和技术转化效果的绩效评估机制，探索出一套与我国创新驱动发展目标相匹配的评估机制，对科技创新的效果进行连续性的检验，以保证创新的价值性。学会、协会、社会科技社团等可根据自身的专业优势和学科条件，整合各方面的资源，积极探索构建适合各自领域创新的评估标准，以促进本领域创新效果的提高。

5.2.3 企业围绕市场创新兼顾社会化

一是，与政府、科研机构、科技服务机构合作建立以企业创新为主体的技术转移中心。美国、欧盟、日本等国家都重视建立多种形式的技术转移中心，以保证科技成果发挥最大的经济效益，美国国家技术转让中心、德国史太白中心等在科技成果转化为经济增长方面取得了显著的成效。企业应加强与科技中介机构的交流，通过针对性强的平台，与专家、高校、高水平实验室等实现高效对接，实现与他们合作共建企业技术转移中心的创新目标。

二是，企业创新的市场化定位与社会化定位相结合，是适应全球科技创新的新定位。企业科技创新在重视研发与技术优化的同时，拓展与社会科学相结合的新的创新视角，关注社会发展的全景。日本等国家在创新政策中对技术转化的市场前景与社会需求的重视，既提高了促进技术进步、实现经济增长的市场化价值，又增加了科学技术服务于人类生活、社会发展的社会化价值，这应是所有国家和地区在开展创新驱动发展的过程中，需思考和借鉴的创新理念。在科技创新的过程中，对于尖端科技研发的重视和投入自然是十分必要的，同时也应在创新理念和创新方向上强调对社会需求的关注，使科技创新的技术成果运用到促进社会发展的各个层面。

5.3 国内政府组织服务科技创新的经验

5.3.1 科技部组织服务科技创新的经验

当前，中国经济社会发展进入“新常态”，在创新驱动发展的背景下，政府部门打破传统，变成制度的供给者，在科技规划、战略制定、政策制定、平台打造、资源配置等方面发挥作用，解决科技创新中的市场失灵问题，为大众创业、万众创新营造良好的政策环境。科技部的主要举措有：

一是针对初创业者，大力发展众创空间，以推进大众创新创业。2015

年 9 月科技部印发《发展众创空间工作指引》。明确“发展众创空间是推动大众创业、万众创新的有力抓手，是深入落实创新驱动发展战略、优化创新创业生态环境的重要举措。”科技部提出要加大对众创空间的引导和扶持力度。各地科技管理部门、国家自主创新示范区、国家高新技术产业开发区要积极引导和支持众创空间发展，出台务实管用的政策措施，构建和完善创新创业生态系统。有条件的地方要对众创空间的房租、宽带接入、公共软硬件、教育培训、导师服务、创业活动等费用给予适当财政补贴。积极支持众创空间参与中国创新创业大赛、中国创新挑战赛等创新创业赛事。各地科技管理部门要加强与相关部门的工作协调，研究完善大众创新创业的政策措施，加强对发展众创空间的指导和支持。开展大众创新创业政策落实情况调研，及时总结先进经验，加强典型案例和经验宣传。

二是针对中小企业，制定《科技部关于进一步推动科技型中小企业创新发展的若干意见》（2015 年 1 月）。其主要支持举措有：设立中小企业创新基金、发展天使基金等金融方式，充分发挥中央财政资金的引导作用，逐步提高中小企业发展专项资金和国家科技成果转化，引导基金支持科技创新的力度，凝聚带动社会资源支持科技型中小企业发展，为中小企业提供金融支持；发挥国家科技计划对中小企业的扶持作用，让中小企业参与到国家计划当中，发展孵化机构，开放高校科研设备和资源，建立健全公共技术服务平台，吸纳科技型中小企业参与构建产业技术创新战略联盟，为中小企业提供技术支持。

三是针对区域发展，加强区域创新分类指导，推动区域协同发展。推动北京、上海等建设具有全球影响力的科技创新中心，推动京津冀协同创新共同体建设，完善政策机制、强化资源整合，支撑长江经济带创新发展。优化国家自主创新示范区布局，按照“东转西进”设想，选择创新特色鲜明、综合实力和区域代表性强的国家高新区，建设国家自主创新示范区，支持示范区深化改革和政策先行先试。开展高新区创新驱动发展示范工程，加快创新型产业集群建设，推动高新区提质增效。研究、制定推动区域全面创新改革试验总体方案，选择若干省区市启动试点，推动创新型省和创新型城市建设。

四是基于《关于深化中央财政科技计划（专项、基金等）管理改革的方案》，对科技部等政府部门自身管理体制的改革，注重沟通联合以达到整合资源，保障创新政策顺畅的目的。建立公开统一的国家科技管理平台，具体内容包括联席会议制度（一个决策平台），专业机构、战略咨询与综合评审委员会、统一的评估和监管机制（三大运行支柱），国家科技管理信息系统（一套管理系统）。各政府部门通过统一的科技管理平台，构建决策、咨询、执行、评价、监管等各环节职责清晰，协调衔接的新管理体系。建立新的科技计划（专项、基金等）体系，分为支持基础研究和前沿探索的国家自然科学基金；聚焦重大战略产品和产业化目标的国家科技重大专项；事关民生和产业核心竞争力的国家重点研发计划；针对企业技术创新的技术创新引导专项，分类整合财政部、科技部、发改委以及其他引导支持企业技术创新的专项资金（基金），采用天使投资、创业投资、风险补偿、后补助等引导性支持方式，激励企业加大自身科技投入，促进科技成果转移转化，不断提高企业技术创新能力；实施基地和人才专项，对科技部管理的国家（重点）实验室、国家工程技术研究中心、科技基础条件平台、创新人才推进计划，发改委管理的国家工程实验室、国家工程研究中心、国家认定企业技术中心等合理归并，进一步优化布局，按功能定位分类整合。

5.3.2 工业及信息化部组织服务科技创新的经验

工信部在创新驱动方面的主要工作包括：

一是创新生态方面，加强基础设施建设，加快构建“宽带、融合、安全、泛在”的下一代国家信息基础设施。2014 年搭建面向企业，特别是中小企业服务的“创客中国”公共服务平台，力争在 5 年内促成 1000 家创客空间与 100 家大中企业或产业集聚区开展合作，并支持 10 万家中小微企业参与，实现大中小企业协同创新发展。

二是区域发展方面，制定《京津冀及周边地区工业资源综合利用产业协同发展行动计划（2015 ~ 2017 年）》，与河北省人民政府联合共建“固废资源综合利用与生态发展创新中心”和“废石提取铁精粉协同生产优质砂石料项目”等 9 个京津冀及周边地区区域合作重点项目。联合骨干企业、行业协会、重点高校、科研院所等机构，加快建设一批产业技术创新联盟、企业技术创新中心等区域工业资源综合利用创新平台，提升区域创新能力。充分发挥尾矿、钢渣、再生资源等相关产业技术创新作用，推动成立京津冀及周边地区工业资源综合利用技术创新战略联盟。建设20个企业技术创新中心，培育3～5个工业资源综合利用重点实验室，打造工业资源综合利用技术创新平台。重点支持河北睿索固体废物工程技术研究院、朔州北京大学粉煤灰综合利用研发中心等技术创新平台建设。推动将工业资源综合利用共性关键技术研发纳入国家及地方重大科技计划，加大共性关键技术研发力度，加快科技成果转化和推广应用。制定一批工业资源综合利用产品标准和技术规范，推进京津冀及周边地区地方标准和技术规范一体化。

三是推进“互联网+小微企业”，推动小微企业信息化和公共服务网络化。引导信息化服务商为中小企业开展线上线下培训和应用推广活动。运用互联网云计算、大数据、移动互联网等信息技术，提升小微企业信息化发展水平和两化深度融合能力。开展中小企业创新转型试点工作，推动万企转型升级。实施中小企业公共服务平台网络建设工程，已培育认定了511个国家中小企业公共服务示范平台，并实行动态管理。积极推动中小企业管理提升，继续开展中小企业经营管理领军人才培训。会同国家知识产权局实施中小企业知识产权战略推进工程，培育一批拥有自主知识产权、知名品牌的中小企业。搭建“创客中国”服务平台，举办“创客中国”大赛，聚集人才，挖掘草根创新潜力，引导创客创新与工业创新相结合，引导创客服务中小企业创新创业，为创客围绕产业链打造创新链积累资源。大赛建立了创客组织与技术厂商和生产厂商良好的沟通机制，让创客和厂家优势互补共同协作。“互联网+创客+技术+企业”模式，让创客更好实现社会价值。

5.3.3 发展与改革委员会组织服务科技创新的经验

发改委在创新驱动战略中有三方面的工作：

一是更加注重营造适应于新兴产业发展的市场环境，发挥好市场对资源配置的决定性作用。2015年以来，牵头研究起草了一系列培育新的产业、新的业态、新的商业模式的政策性文件。包括年初的在电子商务、云计算、互联网 +、大数据等方面的政策性文件。

二是更加注重发挥好政府的引导作用。从管理上更加强调职能转变和简政放权，通过管理方式的改革来适应新业态、新模式的发展。从制度上加强各个方面的协调，更好地协调适应新兴业态、新兴产业的发展。包括进一步降低市场准入的门槛，适应新兴产业发展的新的特点，培育新的增长点。由政府发挥好引导作用，改变以前选拔式的投入模式，更多地通过市场公平竞争来推动，发改委和财政部筹备设立国家新兴产业创业投资引导基金，基金总规模是 400 亿元，将引导社会各方面资金参与，预计要超过 1800 亿元，完全采取市场化的运作，委托市场的机构按照国家发展的一些战略重点和方向，来积极支持新的技术、新的业态的发展，特别是创业环节的早中期、初创期一些创业创新的企业来发展。

三是制定《关于在部分区域系统推进全面创新改革试验的总体方案》，确定了 8 个改革试验区，包括一个跨省级行政区域——京津冀，4 个省级行政区域，包括上海、广东、安徽、四川，和 3 个省级行政区域的核心区，主要是武汉、西安和沈阳。其中京津冀的改革试验主要着眼于区域协同发展，上海着眼于长三角核心区域率先创新转型，广东珠三角着眼于深化粤港澳创新合作，安徽合芜蚌和武汉促进产业“承东启西”转移和调整，四川成德绵和西安着眼于加速军民深度融合发展，沈阳着眼于推进新型工业化进程。在实验区内营造有利于大众创业、万众创新的小环境。包括融资、服务平台、为企业提供咨询辅导，有利于大众创业、万众创新的活动开展。在改革试验区的工作机制是：在国家科技体制改革和创新体系建设领导小组下，建立一个部际协调机制。这个协调机制由发改委担任召集人单位、科技部担任副召集人单位，同时会同国务院各个相关部门和承担试验任务所在区域的省级人民政府共同组成，来全面指导创新改革试验工作。针对改革试验任务的部署和要求，建立相关政策措施的保障机制，要求国务院相关部门要积极研究、支持改革试验的相关政策措施，做好有关工作安排和部署。同时要求各个地方结合各地改革试验的实际，提出有针对性的政策举措。这些政策措施有些是在地方实践范围内能够解决的问题，靠地方的改革机构、协调机制来推进；有些是需要党中央、国务院及有关部门授权开展改革的事项，就要由地方提出来。我们利用部际协调机制，会同各个部门共同研究，提出具体的落实政策措施，从而确保后续改革工作能够顺利推进。发挥部际协调机制的作用，加强对改革试验的监督评估和推广应用，组织对试验区域进行年度监督检查和第三方评估，及时发现和解决问题，宣传和推广典型经验。

5.4　国内社团组织服务科技创新的经验

5.4.1　全国总工会组织服务科技创新的经验

总工会将职工技术创新活动融入创新驱动发展战略大格局：

一是广泛开展职工技术创新活动，促进企业提高自主创新能力。围绕增强企业自主创新能力，各级工会深入实施以推动技术创新为主题，以开发具有自主知识产权核心技术为重点的职工技术创新活动，引导和鼓励职工积极参加小革新、小发明、小改造、小设计、小建议“五小”活动，在技术创新的实践中发挥聪明才智，在原始创新、集成创新和引进消化吸收再创新上多出成果。

二是深入开展职工技能提升活动，大力提高职工技术创新能力。充分发挥工会“大学校”作用，大力实施职工素质建设工程，积极引导企业把提高职工技能水平和创新能力，作为提高企业技术创新能力的重要任务，加快培养适应技术创新要求的职工队伍。各级工会广泛开展岗位练兵、技术比赛、技术培训、技术交流、师徒帮教等活动，进一步调动了职工学技术、练技能的积极性，提高了职工的学习能力、实践能力和创新能力。全国共建立了 130 个职工技能实训基地。

三是积极开展劳模创新工作室创建活动，带动更多的职工参与技术创新。目前全国有 29 个省（区、市）开展了不同层次的劳模创新工作室创建活动，共创建劳模创新工作室 7.4 万个。2014 年开展选出技能带头人活动的企业达 14.9 万个，有两名劳模创新工作室带头人领衔的技术创新成果，荣获了国家科技进步奖二等奖。

四是表彰和选树一线创新人才和创新成果，营造良好氛围。各级工会加大对优秀技术创新人才和创新成果的表彰和奖励力度，不断完善鼓励职工技术创新的激励机制，引导企业积极开展选树“首席员工”“金牌工人”，评选“能工巧匠”“创新能手”等活动，充分发挥他们的示范引领作用，大力营造尊重科学、崇尚技能、大胆创新的良好氛围，努力培育有利于职工技术创新的企业文化，充分调动职工技术创新的积极性。一些省市和企业还相继制定了职工技术创新成果奖励办法，着重在薪酬、福利、培训等方面向关键技术岗位技能人才倾斜，畅通了企业技能人才发展通道。

5.4.2 全国妇联创新驱动发展的经验

全国妇联将促进妇女创新创业作为工作重点，组织开展创新创业巾帼行动。

一是依托互联网创新妇女培训模式。借助各类教育培训资源优势，合作开展妇女创业人才和技能培训。积极探索适合妇女创业的网络化、实训式电子商务培养模式，扩大培训覆盖面。增加电子商务、市场营销等培训教程，大力培养女性创新创业带头人，打造女性电商人才“蓄水池”。进一步壮大妇女创业导师队伍，推进面对面指导与线上线下服务互动融合。

二是发挥妇女创业示范基地引领作用。引导现代农业科技示范基地借助互联网和大数据技术，运用新品种、新技术、新装备，促进农业生产、加工、销售的转型升级。聚合社会力量推进女大学生创业实践基地创建，帮助女大学生积累创业经验和技能。大力推进妇女手工编织基地建设，带动更多妇女居家灵活就业。探索创建妇女电子商务促就业示范基地，集聚女性网络创业人才，提高妇女网络创业发展能力。

三是协调社会力量开展创新创业实践活动。广泛争取社会支持力量，围绕提升妇女创新创业能力开展各类实践活动。举办“互联网 +”妇女创新创业竞赛，支持有能力的妇女参与国内和国际创新创业赛事。组织女大学生创业导师、巾帼志愿者等成立妇女创业公益项目团队，通过巡回演讲等方式，为女大学生、下岗失业妇女、农村妇女和返乡妇女创业提供帮扶。

举办形式多样的创业训练营等实践活动，为开展妇女创新创业成果展示，促进创新产品、技术和市场有效对接提供了保障。

四是用好扶持妇女创新创业政策。发挥妇女小额担保贷款、创业担保贷款等金融政策作用，支持妇女创办新型小微企业，加大信贷扶持力度。发挥现有政策的集成效应，引导妇女享有更多包括商事制度改革、税费减免、小微企业发展、电子商务、返乡人员创业等的扶持政策。广泛开展政策宣传服务，利用各种媒体和新兴传播平台，提高妇女的政策知晓率。因地制宜推动政府部门出台更多有利于妇女创新创业的扶持政策，为形成良好的女性创业生态圈提供政策保障。

五是开展妇女创新创业孵化服务。鼓励女企业家、社会资本创建适合妇女创业的众创空间、创新工场等新型创业服务平台，促进妇女创新创业与企业发展、市场需求和社会资本有效衔接。协调高校、科研机构等资源，探索构建女性创业孵化平台，吸引女大学生、女科技人员等运用大数据等新技术创业。结合各地实际打造女性电商企业“孵化园”，完善技术培训、店企对接、易购服务、网店孵化等一条龙服务。鼓励农村女能人依托“妇女之家”搭建以农产品销售为主的电子商务平台，拓展妇女创富新空间。

六是推动形成促进妇女创新创业合力。积极争取社会组织、新媒体力量，建立促进女性创业创新的新型战略合作关系，打造妇女创新创业社会化协作平台。抓住“一带一路”发展契机，推进区域妇女创业资源共享、市场互通、合作共进，完善区域妇女协同发展平台。推动巾帼合作社等新型农业经营主体利用互联网发展精准农业，与城市优势资源对接，构筑城乡妇女牵手致富平台。鼓励并引导女大学生、返乡创业女性、女村官等自愿建立创业联盟。

5.4.3　中国共青团组织服务科技创新的经验

共青团将推动青年创新创业创优作为工作重点。

一是提供一站式创业服务。发挥共青团、青联跨界优势，为青年创业提供政策保障、融资服务、科技扶持、智力支撑等“一站式”服务。拓展团的社会职能，推动党委政府考虑在公共资源配置过程中“事权”与“资源”

相匹配的关系，使共青团成为政府配置资源服务青少年的端口，推动青少年事务专业化发展。

二是举办“寻访最美青年科技工作者”活动。由共青团中央和全国青联指导，中国青年科技工作者协会和中国青年报社共同主办，中科网协办。活动通过举办一系列座谈会、展示会和分享会等，团结、凝聚和发现一批优秀青年科技工作者，为当代青年树立可亲、可敬、可信、可学的榜样，积极促进青年投身创新驱动发展。

5.4.4 国内创新驱动发展的经验对科协的启示

从政府层面来看，实施创新驱动战略的关键：一是在于“放”，放宽政策、放宽市场、放宽主体。放宽政策，就是放宽约束性政策，实行普惠性的政策；放宽市场，主要体现在放宽市场准入，取消行业限制；放宽主体，重点体现在破除体制机制的障碍，促进创新创业人才自由流动，让千千万万个创业者活跃起来，凝聚成为推动经济社会发展的巨大动能。二是在于协调整合，加强政府部门之间的沟通，建立部际之间的联席会议制度，使出台的政策能够实施顺畅。同时注重制度创新、组织创新、管理创新等各个方面相互融合的全面创新。建立科技资源共享制度和科技计划管理平台、科技信息公开平台等，为创新活动提供更好的基础条件。三是重视引导，金融方面注重引导民间资本，通过天使基金、风投等金融举措引导创新创业，同时提升科技园和孵化器等的服务能力，为创新创业打造更好的平台。

从人民团体层面来看，实施创新驱动战略的主要举措在于激发工作对象的创新潜力，主要形式是举行创新创业大赛、技能大赛等，对他们进行技能培训，以选树的形式塑造学习榜样。中国科协实施的创新驱动助力工程旨在全国学会和企业之间搭建桥梁，利用全国学会的专家提升中小企业的技术能力。但就实地调研来看，创新驱动助力工程多是通过地方科协在其中牵线搭桥，依靠的是地方科协的工作热情，地方科协先调研当地企业的需求，然后与相关学会联系，再让双方对接。这种形式可以解决一些企业的需求，尤其是市场拓展和与政府合作方面的需求。但从长远来看，缺乏制度化和系统化设计，缺乏对力量和问题的整合。建议以科技咨询中心为依托，建立创新驱动助力工程的统一技术出口。一方面，通过科技咨询中心建立专家库，另一方面通过地方科协调研地方企业需求，统一打包入科技咨询中心的问题库，再组织对接。科技咨询中心发挥科技中介的作用，同时从法律和政策的角度提供一站式服务。另外，可以以科技咨询中心为依托，设立创新创业援助中心，为有创业欲望的人提供创新创业援助，建立相应基金对创新活动提供经济支持，建立评估中心对技术创新进行评估，建立政策中心对政府层面政策进行解读，并对创业人员提供相关政策支持。

第 6 章　深入推进助力工程的思路与措施

众所周知，助力工程是一个系统性工程，涉及中国科协、地方科协、地方政府、学会、企业和科技工作者等多个方面的主体。如果把实施创新驱动助力工程比作唱好一台科技与经济结合的“戏”，那么企业和科技工作者应该是“男女主角”，应该由他们的成功来展现助力工程的价值；学会是“经纪人”，负责联系各种人才，挖掘人才潜力；地方政府是“制片人”，负责做好服务保障工作；中国科协和地方科协分别是“总导演和执行导演”，负责工程的顶层设计、具体实施，共同做好宣传推广工作。在全社会齐心协力为建成小康社会的大背景下，中国科协牵头实施的创新驱动助力工程这部大戏，正是在各主要参与主体的协同配合下，加速了创新要素的集聚，加强了区域科技创新网络的构建，产生了创新成果。在这一过程中，只有坚持工作思路创新和组织机制创新，让每个工程主体既扮演好自己的角色，又相互配合，助力工程才能取得更大的成效。

6.1　优化顶层设计，服务创新驱动新常态

当前，我国即将进入“十三五”时期，实施创新驱动战略是我国全面建成小康社会的重大措施，而开展创新驱动助力工程则是中国科协在党中央领导下服务经济新常态的一个重要抓手。一年多的助力工程实践表明，助力工程有巨大的生命力，但也存在着一些缺陷和问题，这些问题需要中国科协从“总导演”的角度，做好顶层设计优化工作，具体建议如下。

一是进一步加强对助力工程的领导和规划。要加强对助力工程工作的

领导，及时解决助力工程实施过程中遇到的困难和问题，从体制上解决工程落实主体层次偏低的问题。助力工程实施一年来，尽管得到了科协书记处领导的高度重视，但该工程的落实主体主要是中国科协学会部学术交流处，后期，中国科协学会部加挂了企业工作办公室的牌子，开始指导助力工程实施。一年中，事实上是中国科协学会部学术交流处和中国科协学会服务中心学术活动组织处承担着全国协调的主体工作，而在地方科协基本是学会部在做。从前面的分析可以看出，助力工程是一项系统工程，涉及到地方科协、地方政府、企业、学会和科技工作者等多个主体，需要协调多方面的资源和关系。单纯让学会部一个处室负责落实该工程无疑是小马拉大车。因此我们建议：

成立中国科协创新驱动助力工程领导小组，加强助力工程的规划和指导。领导可由科协书记处的几位主要领导担任，同时可考虑吸收试点省市政府的主要领导。领导小组负责助力工程的顶层设计工作，加强战略规划和指导，可参照国家“十三五”科技发展规划制定助力工程发展规划。在学会部（企业创新办公室室）基础上成立创新驱动助力工程办公室，成员由办公厅、财务部、学会部、企业创新部和科技咨询中心等部门负责人以及地方科协负责人组成。具体处理工程实施过程中遇到的问题和困难，组织领导助力工程和考核评审助力工程工作成效。

同时，地方科协一般在当地缺乏话语权，是比较边缘的单位，导致一些地方科协工作人员比较少，经费比较紧张，工作干劲儿不足，对待上级科协推行的工作重视不足，这时候上级科协组织作为领导者要树立起权威性，要能为下级科协提供政策上的支持和帮助，同时、中国科协也要主动和地方政府进行交流和沟通，让地方政府充分认识到科协发挥的独特作用，使科协工作能真正列入到各级政府工作的议事日程，能在项目和资金上给地方科协以支持，如项目支持、资金支持和政策支持等。

二是围绕国家战略规划合理布局助力工程试点示范区域。截至到今年10月份，助力工程共有42家示范市，其中东部地区有25家，中部地区有9家，西部地区有8家。说明助力工程前期工作过于集中于东部经济比较发达的省市。众所周知，中西部地区产业结构不合理，产业升级的压力更大，科技人才的保有量更少，更需要科协的助力工程帮助企业解决技术难题，帮助地方经济转型升级，促进地方经济发展。因此助力工程应该在中西部选择更多的省市进行试点，积累经验，以便日后进一步推广。在选择中西部地区示范市时，建议放宽条件，多增加中西部地区的试点。

三是因地制宜，构建“落差式”助力和“引领式”发展机制。长期以来，我国科技资源存在严重的分布不平衡现象，地方政府在创新驱动中的能力也各有不同。一些直辖市和科技发达城市，拥有优质的科技资源，中国科协在这些地方实施助力工程效果不会太明显，更应该集中在科技资源相对匮乏的二、三线城市，一方面聚焦于有技术落差的城市，这些地方资源比较匮乏，迫切需要创新驱动助力工程来改变地方经济格局；另一方面聚焦于有行政落差的城市，这些地方政府因与中国科协的“行政等级落差”，地方领导会对助力工程给予足够的重视，容易开展工作。

四是要聚焦民营企业和中小微企业，选择合适的助力对象。助力工程在实施过程中，深刻感受到选择合适的助力对象的重要性。在调研过程中，我们经常听到部分学会反映这个问题。学会在调研过程中，经常会遇到店大欺客的现象，有些大企业由于受到地方政府的高度关照，享受在资金、技术、项目、土地等各方面的优惠，同时与企业对接的往往是一些高大上的组织或单位，导致部分大企业对学会不重视，对助力工程不重视，交流时往往是神龙见首不见尾，因此我们建议助力工程要更多地选中小企业、小微企业，这些企业由于资金、技术等方面存在一些问题，更需要助力工程的帮扶，因此选择有发展前途的中小企业进行帮扶是进一步实施助力工程所要考虑的内容。

6.2 引导地方科协重视助力工程，加强服务与管理

助力工程在实施过程中，地方科协克服困难，群策群力，发挥主动性，结合本地区实际情况，开拓工作思路，创新工作模式，受到中国科协和地方政府以及科技工作者的普遍欢迎，但我们在调研过程中也发现一些问题，

如注重前期服务，对中期服务和后期服务，重视不足；注重服务但缺乏管理等问题。针对这些问题，我们建议：

一是要引导地方科协充分认识助力工程的战略作用。助力工程是中国科协服务党的中心工作和全面深化改革的一项重要举措，是全国学会创新和服务能力提升工程的重要组成部分，对于扩大科协的知名度和影响力，对于解决企业实际难题，促进地方经济增长和产业结构升级与转型都发挥了非常大的积极作用。但还是有一部分的地方科协、学会等由于种种原因不重视助力工程，没有充分认识到助力工程的战略作用，没有参与到助力工程当中。中国科协要注重引导，让地方科协充分认识到助力工程的重要性，积极参与到工程实施过程中，为产业结构转型，建立创新型国家做出积极贡献。

二是要加强科协的全过程服务和管理。虽然示范市地方科协大部分已经出台了《创新驱动助力工程管理办法》等，但这些管理办法主要包括奖励目标、奖励类型、奖励原则、申报流程及条件等比较宏观的内容，缺乏深入具体内容，导致助力工程在实施过程中部分地方科协存在着形式主义等弊端。在这方面可以借鉴鄂尔多斯市科协的做法，鄂尔多斯市地方科协在成功组织企业和科技工作者成功搭桥之后，并没有放松后续的服务和管理。他们在鄂尔多斯市成立工作站，并把相关的一些专家集中到鄂尔多斯，在工作站中解决企业技术难题，并且把项目也带到工作站，使得工作站切实发挥作用，同时也对合同的执行进行了监控，从而实现了全过程的服务与管理。

三是要对地方科协工作人员进行定期培训。我们在调研过程中，发现不少地方科协存在着工作人员少，年龄结构不合理，知识老化等问题。实际上，企业创新有其自身的规律性，要想更好地服务企业创新工作，科协工作人员必须从创新理论、企业创新过程、企业创新的运行机制和创新方法等方面进行系统的学习。因此，建议科协可以与高校和企业建立人才合作培养机制，定期将科协的工作人员派往学校进行理论学习和派往企业进行实践了解，同时兼职担任企业技术创新需求的调查员，及时掌握企业创新的需求，为下一步提出解决方案奠定基础。

6.3 进一步加强学会专业化服务能力建设

助力工程实施过程中，各学会对其重视程度不同，有得学会甚至根本就没有参与；有的学会项目覆盖了全国多地或全省各地，造成精力分散，不利于工作推进；有的学会不愿意带动地方学会发展，没有形成国家、省、市、县四级联动；有的学会与企业的签约项目流于形式，对与企业的合作发展缺乏远见。根据前期工作的经验判断，真正能够为地方经济科技发展或者为某个产业（企业）做深远考虑的全国学会、省级学会目前还很少见，基本属于来去匆匆型、桌面微笑型。因此我们建议：

一是要加强学会专家队伍建设，引导青年人才进入专家队伍。首先，学会应不断扩大人才资源。有了人才资源，才能真正做到“企业出题、专家解题”，积极引导、鼓励留学回国科技人才、高新技术人才、青年科技工作者、科研生产一线的优秀科技工作者入会，鼓励科技领军人才、代表人物加入学会，担任学会领导人，投身助力工程的伟大事业中，提高为企业解决问题的专业化服务水平，提升助力工程的凝聚力、影响力、号召力和公信力。其次，学会之间应加强合作，现在有些企业的技术难题很难凭借单个学会、单个学科的力量来解决，需要多个学会共同发力，学会应积极寻求其他学会的合作。最后，在联系专家方面，不能只想到院士和专家学者等顶尖人才，还要考虑到青年学者。院士、专家学者由于时间、年龄、精力等原因往往不能深入基层，了解企业实际需求，这样的专家学者应侧重于为地方政府提供智力支持，为地方发展出谋划策。而青年学者处于发展成长过程中，渴望更多接触企业和被认可的机会，可以吸引年富力壮的青年学者到企业中去，为企业解决具体的技术难题，并促成手头有项目的中青年技术人员与企业的合作。

二是要完善学会工作人员队伍建设。助力工程是一项经济活动，学会提供的是科技中介服务。在实施助力工程过程中，要不断强化学会的经营能力建设，包括学会在社会化过程中需要多元的人才结构，尤其是要注重引进科技中介和知识产权方面的人才。

6.4　进一步调动企业发挥创新主体作用

当前经济下行压力对实体经济尤其是部分中小企业影响深远。部分企业面临生存考验问题，对于开展技术创新对接活动缺乏信心，需要引起各级领导的重视。根据基层调研情况，大部分中小企业对融资增加现金流更加重视，存在现来现用的逐利思想，对创新驱动助力工程尤其是科技项目转化投入不足。而且对大部分中小型企业而言，本身正处于资本集聚过程中，仅有学会专家科技项目，没有资金融资风投跟进，也影响对接合作成效。因此，要切实发挥企业的创新主体作用，实现由“要我创新”到“我要创新”的转变。要让企业家充分认识助力工程对企业发展的重要作用。要通过培训、座谈、考察、典型引导、政策激励等方式，让企业管理层真正认识到科技创新对企业发展的重要作用，使企业特别是有研发能力的国有企业积极转变。同时出台政策，强化引导，使“平台向企业集中、人才向企业集聚、政策向企业集成”，加快各类创新资源向企业集聚，加快科技成果向企业转化，不断增强企业自主创新能力，形成一批拥有自主知识产权和知名品牌、具有核心竞争力的创新型企业。

6.5　加强宣传，形成助力工程优良品牌

工程在实施过程中涌现出许多可以进行推广的经验和做法，这些经验和做法对于深入推动助力工程，树立助力工程优良品牌，在全社会形成创新光荣、创新有为的社会共识以及尊重创新、保护创新的良好氛围是大有好处的。建议要进行充分调研，积累成功经验和做法，进行广泛宣传运用，如报刊、广播、电视、网络、移动终端等媒体，组织典型创新示范建设的成功做法和典型经验宣讲，组织顶层设计专家分析点评，凝聚工作共识，循序渐进，积极引导各科技创新主体敏锐把握世界科技创新发展趋势，抓住新一轮科技革命和产业变革的机遇，以实施创新驱动发展为己任，形成创新合力，推动科协创新驱动服务工程全面落地开花。

主要参考文献

[1] 中国科协发展战略研究课题组．中国科协发展战略研究．北京：中国科学技术出版社，2003.58—119.

[2] 本书编写组．十八大报告辅导读本．北京：人民出版社，2012.147—164.

[3] 本书编写组．中共中央关于全面深化改革若干重大问题的决定辅导读本．北京：人民出版社，2013.310—314.

[4] 梁明．科协宝鉴．北京：中国科学技术出版社，2013.183-298.

[5] 沈爱民．在 2015 年河北省科协学会工作座谈会上的讲话，2015 年 4 月 9 日．

[6] 宋圭武．坚持创新驱动建设创新型甘肃 [J]. 农业科技与信息，2015.1.

[7] 中共中央国务院关于深化体制机制改革加快实施创新驱动发展战略的若干意见，2015 年 03 月 25 日．

[8] 王璇．创新驱动湖北发展战略研究 [D]. 武汉：武汉理工大学，2013.5.

[9] 蒋玉涛等．创新驱动过程视角下的创新型区域评价指标体系研究 [J]. 科技管理研究，2009（7）.

[10] 迈克尔·波特．国家竞争优势 [M]. 李明轩，邱如美，译．北京：华夏出版社，2002.

[11] 乔玉婷，李志远，谭林．创新驱动发展战略下军队科技成果转化的第三方运营模式研究 [J]. 科学管理研究，2016.

[12] 夏天．创新驱动过程的阶段特征及其对创新型城市建设的启示 [J]. 科学学与科学技术管理，2010（2）.

[13] 屠启宇，邓智团．创新驱动视角下的城市功能再设计与空间再组织 [J]. 科学学研究，2011（9）.

[14]R.K 默顿．科学社会学 [M]. 北京：商务印书馆，2011.

[15] 熊彼特．经济发展理论．北京：商务印书馆，2011.

[16] 张来武．论创新驱动发展 [J]. 中国软科学，2013（1）.

[17] 陈曦．创新驱动发展战略的路径选择．经济问题，2013（3）.

[18] 吴峰刚，申克慧．中国特色的创新驱动发展战略研究，2013.

[19] 黄郁华，易高峰．开发区的创新驱动发展战略研究—以盐城经济技术开发区为例．盐城工学院学报：社会科学版，2013.

[20] 华振．黑龙江创新驱动发展战略研究．现代工业经济和信息化，2015.

[21] 杨成元，白志全，白瑞君．吕梁科技创新驱动发展战略研究．山区经济，2014.

[22] 史爱兵，田野．河北省动漫产业创新驱动发展战略研究．大众文艺：学术版，2014.

[23] 郭力泉，叶芳，钟海玥．舟山群岛新区实施创新驱动发展战略研究．浙江海洋学院学报：人文科学版，2015.

[24] 陈建清，徐盈之．苏北地区创新驱动发展战略研究．区域经济评论，2016.

[25] 束云霞．江苏创新驱动发展战略研究．江苏科技信息，2016.

[26] 张赐．黄石市产业转型期创新驱动发展战略研究．武汉理工大学，2014.

[27] 房爱博．世界强国之路与创新驱动发展战略研究．北京交通大学，2014.

[28] 陈曦．创新驱动发展战略的路径选择．经济问题，2013.

[29] 王玉民，刘海波，靳宗振．创新驱动发展战略的实施策略研究．中国软科学，2016.

[30] 苏源泉，陈寒凝，孙晓娜．基于十八大精神的陕西创新驱动发展战略路径研究．陕西行政学院学报，2013.

[31] 崔有祥，胡兴华，廖娟．实施创新驱动发展战略测量评估体系研究．科研管理，2013.

[32] 冯晓青．创新驱动发展战略视野下我国企业专利战略研究．学术交流，2016.

[33] 周琳．基于创新驱动发展战略的企业创新绩效研究．经济问题，2015.

[34] 钟秉林 . 高校服务创新驱动发展战略的路径与措施 . 创新驱动发展战略与高校科技创新研究评析 . 山东社会科学，2016.

[35] 贾连锁，张京德 . 专利审查工作促进创新驱动发展战略实施的作用研究 . 科学管理研究，2014.

[36] 袁峥嵘，杜霈 . 我国实现创新驱动发展战略的路径分析 . 改革与战略，2014.

[37] 杨起全，孙福全，刘峰 . 调整我们的思路和政策：以创新驱动发展 . 科学发展，2010.

[38] 中国科学技术发展战略研究院专题调研组 . 调整我们的思路和政策：以创新驱动发展 . 科学发展，2010.

[39] 喻庆勇，王九云 . 研究型大学知识产权性科技成果的社会效益问题——以创新驱动发展战略为视角 . 哈尔滨工业大学学报：社会科学版，2015.

[40] 孙兆刚 . 创新驱动战略与金融创新协同发展机理研究 . 科技进步与对策，2015.

[41] 王珍珍 ."十二五"以来我国省域创新驱动发展战略实施成效分析 . 经济研究参考，2014.

[42] 吴海建，韩嵩，周丽 . 十八大以来"创新驱创新驱动发展评价指标体系设计及实证研究 . 中国统计，2015.

[43] 周立德 . 创新驱动发展战略内涵及对策研究 . 创新科技，2014.

[44] 周立德，周敏 . 实施创新驱动发展战略背景及对策研究 . 科技创新导报，2013.

[45] 廖晓东 . 广东实施创新驱动发展战略的财政政策与机制研究 . 财会研究，2015.

[46] 李良成 . 政策工具维度的创新驱动发展战略政策分析框架研究 . 科技进步与对策，2016.

[47] 杨志鹏 . 基于创新驱动发展战略的财政科技支出优化探讨 . 科学管理研究，2013.

[48] 陈宇学 . 基于创新驱动发展战略的人口发展研究 . 中共青岛市委党校：青岛行政学院学报，2015.

[49] 孙兆刚 . 创新驱动战略与金融创新的协同发展机理研究 . 全国金融创新与经济转型博士后学术论坛，2014.

[50]“制造业创新驱动发展战略研究”课题组 . 制造业创新驱动发展战略 . 中国工程科学，2015.

[51] 李辉 . 我国创新驱动发展战略长效机制的构建研究 . 价值工程，2015.

[52] 王璇 . 创新驱动湖北发展战略研究 . 武汉理工大学，2013.

[53] 李鸿 . 深度探究民族地区创新驱动发展战略——民族地区科技创新能力提升战略研究评述 . 满族研究，2015.

[54] 谭鑫，肖培，张宝其 . 石家庄市实施科技创新驱动发展战略的路径研究 . 经济论坛，2016.

[55] 陈志明 . 实施创新驱动发展战略过程中自主创新能力建设研究 . 华章，2014.

[56] 傅忠贤，易江莹，苟延杰 . 川东北经济区实施创新驱动发展战略实践研究——以四川省达州市为例 . 四川文理学院学报，2015.

[57] 洪业应 . 基于 SWOT 分析的创新驱动发展战略及路径研究——以重庆市涪陵区为例 . 文史博览：理论，2016.

[58] 曹再兴 . 湖南省实施创新驱动发展战略的现状与对策研究 . 经济研究导刊，2015.

[59] 王杰婷 . 创新驱动发展“我国纺织产业科技创新发展战略研究”项目 . 科学家，2015.

[60] 李艳红，魏洪福 . 河北省创新驱动发展战略的金融支持研究 . 华北金融，2016.

[61] 芮雯奕 . 创新驱动发展战略下江苏战略性新兴产业技术创新发展研究 . 江苏科技信息，2015.

[62] 肖培，谭鑫，张宝其 . 石家庄市科技创新驱动发展战略实施现状及对策研究 . 价值工程，2016.

[63] 肖坤 . 开放大学建设创新驱动发展战略的基点——开放教育与高职教育一体化办学工作方针理论与实践研究 . 辽宁广播电视大学学报，2015.

[64] 雷德雨 . 企业集团对我国创新驱动发展战略的推动作用研究 . 商业时代，2014.

[65] 廖晓东，郑秋生 . 广东省实施创新驱动发展战略的路径选择与对策研究 . 决策咨询，2015.

[66] 张惠军 . 河南省自主创新驱动发展路径与对策研究 . 河南农业大学，2015.

[67] 封丹华 . 上海市工商联积极参与和推进市委“大力实施创新驱动发展战略 加快建设具有全球影响力的科技创新中心”课题研究 . 现代工商，2015.

[68] 刘国涛 . 高校服务创新驱动发展战略的路径与措施——创新驱动发展战略与高校科技创新研究专著评析 . 科技经济导刊，2016.

[69] 方明，田野，陈海燕 . 浅谈睢宁科技创新驱动战略发展现状及对策研究 . 江苏科技信息，2014.

[70] 冯艳 . 创新驱动发展战略下当代中国青年发展研究 . 商丘职业技术学院学报，2014.

[71] 吴薇 . 创新驱动发展战略下档案信息化建设应对策略研究 . 全国青年档案工作者研讨会，2013.

[72] 朱丽 . 湖南实施创新驱动发展战略路径的研究 . 青年科学 : 教师版，2014.

[73] 杨楠楠 . 兵团实施科技创新驱动发展战略对策研究 . 新疆农垦经济，2014.

[74] 胡蓓钰 . 服务于首都创新驱动发展战略的创新政策体系研究 . 中国科学技术信息研究所，2014.

[75] 夏季亭，帅相志 . 创新驱动发展战略与高校科技创新研究 . 科学出版社，2014.

[76] 刘晖 . 战略性新兴产业创新驱动发展研究——以北京市生物医药产业为例 . 中国科学院大学，2014.

[77] 汪灏 . 成都、绵阳电子信息产业发展战略比较研究——以实施创新驱动发展战略为视域 . 西南科技大学学报 : 哲学社会科学版，2013.

[78] 汪冰 . 理解创新驱动战略三个关键词 . 中国经济规律研究会全国马

克思主义经济学论坛，2013.

[79] 刘志彪．从后发到先发：关于实施创新驱动战略的理论思考．产业经济研究，2011.

[80] 刘军民．以深化科研经费管理制度改革落实创新驱动战略．地方财政研究，2014.

[81] 梅术文．创新驱动发展战略下专利政策法律化路径研究．科技进步与对策，2014.

[82] 邵彦敏，李锐．优势理论分析框架下的创新驱动发展战略选择．当代经济研究，2013.

[83] 陈志国，杨甜婕．创新驱动战略背景下我国专利保险发展模式研究．保险研究，2013.

[84] 朱英明，朱婷婷，卢誉．创新驱动发展战略下的创新产业集群研究——基于江苏省的实证分析．南京理工大学学报：社会科学版，2014.

[85] 辜胜阻，李洪斌．发展循环经济需要“创新驱动”——基于青海的典型研究．青海社会科学，2013.

[86] 闵恩泽．创新驱动发展途径之探讨．石油学报（石油加工），2015.

[87] 肖文圣．我国创新驱动战略及驱动力研究．改革与战略，2014.

[88] 赵静，薛强，王芳．创新驱动理论的发展脉络与演进研究．科学管理研究，2015.

[89] 李钊，孔凡萍，李海波．基于危机的民营科技企业创新驱动发展模型与路径研究．管理现代化，2014.

[90] 程刚，李倩．企业实施创新驱动发展战略的隐性知识转移模式研究．情报理论与实践，2014.

[91] 刘贻新，朱怀念，张光宇．创新驱动战略下创新资源共享机制博弈仿真分析．科技管理研究，2014.

[92] 庄兴忠．浅议高校创新驱动发展战略与文化力建构．高等工程教育研究，2016.

[93] 赵排风．基于国家创新驱动发展战略的高校创新人才培养问题研究．经济研究导刊，2015.

[94] 李优树，付盼盼．资源地区创新驱动发展战略实施路径探讨——

以四川省攀枝花市为例 . 国土资源科技管理，2015.

[95] 杨卫 . 为创新驱动发展固本强基 . 求是，2013.

[96] 李华 . 创新驱动发展战略下研发支出资本化的实证研究 . 世界经济与政治论坛，2015.

[97] 张友根 . 基于新常态战略的汽车塑料工程绿塑创新驱动的分析研究 . 橡塑技术与装备，2015.

[98] 李小妹 . 河南省创新驱动发展研究 . 黄河科技大学学报，2015.

[99] 董晓辉，齐铁，张伟超 . 民技军用中技术评价指标体系的构建 . 科技进步与对策，2015.

[100] 任冬林，李捷，赖举 . 实施创新驱动战略背景下高校科技成果转化路径研究 . 西南科技大学高教研究，2014.

[101] 吴智文 . 创新驱动发展战略背景下的高职院校创业教育研究 . 高等农业教育，2015.

[102] 王峰，丁忠 . 创新驱动发展战略背景下郑州航空港经济实验区建设研究 . 创新科技，2015.

在线文献：

[1] 国务院关于加快科技服务业发展的若干意见

http://zt.cast.ocnrg./n435777/n435799/n16225786/n16225859/16

[2] 中国科协关于加强学会工作的若干意见

http://www.cast.org.cn/n35081/n35533/n38590/10436044.html

[3] 中国科协关于印发中国科协关于实施创新驱动助力工程的意见的通知

http://zt.cast.org.cn/n435777/n435799/n16225786/n16225829/16289830.html

[4] 中国科协关于实施学会创新和服务能力提升工程的意见

http://www.cast.org.cn/n35081/n35096/n10225918/

[5] 中共中央印发关于加强和改进党的群团工作的意见

http://news.xinhuanet.com/2015-02/03/c_11142411

[6] 第十二届全国委员会常务委员会作工作报告，新华网，2015 年 3 月 4 日 .

[7]2015 年政府工作报告（全文实录）来源：人民网 2015/3/6 9:46:51.

[8] 中国科协创新驱动助力工程进展情况月报，中国科协网 2014—2015.

创新驱动助力工程试点一览
（截至 2015 年 7 月 31 日）

点状试点，示范市：

序号	城市	特点
第一批 1 个（2014 年 10 月 14 日批复）		
	河北省保定市	京津冀一体化战略区域
第二批 4 个（2015 年 2 月 10 日批复）		
	内蒙古鄂尔多斯	资源型城市转型升级需求典型
	湖北省襄阳市	“汽车产业集群”区域品牌建设试点
	吉林省四平市	中国国土经济学会合作城市，农业大省
	安徽省芜湖市	辐射“皖江城市带承接产业转移示范区”和“合芜蚌自主创新综合试验区”，带动能力强
第三批 7 个（2015 年 4 月 8 日批复）		
	福建省泉州市	产业需求集中，民营经济发达，对台前沿
	重庆市永川区	机器人产业基地
	浙江省绍兴市	环保装备和智能纺织印染产业集中，工作基础好
	四川省德阳市	国家重大技术装备制造基地
	宁夏自治区石嘴山市	西部工业城市转型升级
	山东省日照市	省政府发文申报，临港产业
	河南省鹤壁市	中部人口大省转型升级
	江苏省苏州市	产业发展好，工作基础扎实
第四批 拟 6 个		
	新疆哈密地区	援疆，国家千万级风电、百万千瓦级光伏发电示范基地
	山西省晋中市	全国第一家申报创新驱动助力工程示范市；积极邀请专家对接，前期工作较为扎实

序号	城市	特点
	湖南省岳阳市	北斗导航等军工产业
	甘肃省庆阳市	省政府发函；石油石化、煤炭生产转化两个千万亿级产业链
	陕西省咸阳市	2016年中国科协年会分会场工作；军工科技资源富集
	天津市滨海新区	京津冀一体化战略区域，第一个国家综合改革创新区、中国科协海智计划基地

链状试点，试点学会：

序号	学会	服务区域	备注
	中国仪器仪表学会	辽宁、内蒙、安徽	第一批
	中国纺织工程学会	各地企业建立研发基地	第一批
	中国国土经济学会	三个实验区	第一批
	中国机械工程学会	内蒙古、辽宁、四川、山东、山西、黑龙江等	第二批
	中国煤炭学会	保定、鄂尔多斯、石嘴山、庆阳、咸阳、晋中等	第二批
	中国金属学会	辽宁、天津、广东、保定、朝阳、攀枝花、晋中、日照、苏州、四平、石嘴山、芜湖等	第二批
	中国复合材料学会	保定、芜湖、四平、泉州、日照、鄂尔多斯、石嘴山、南京、宿迁、广州、镇江、苏州、咸阳、南阳、嘉兴、鹤壁、德州等	第二批
	中国电子学会	西安、南京、上海、杭州、成都、保定、日照、芜湖、泉州、鹤壁等	第二批
	中国食品科学技术学会	福建、德阳、鹤壁、日照	第二批
	中国兵工学会	总装备部装备保障服务	第二批
	中国公路学会	河北、重庆、贵州、四川、江西、湖南、广东	第二批
	中国茶叶学会	杭州、上海、北京、梧州、普洱、柳州、汉中西乡、淳安、咸阳、乐山、青岛等百余地市	第二批

面状试点，合作域：

序号	省 / 市	特点
	深圳市	海外科技人才离岸创业基地
	广州市	中国创新科技成果交流会
	浙江省	本省安排 500 万元专项经费；在全国率先开展学会服务站等工作
	福建省	首家实现省内设区市全覆盖；海峡两岸合作特色
	辽宁省	前期有组织全国学会服务地方经济的工作基础；连片特色，丹东、阜新：仪器仪表产业，朝阳、鞍山、营口：金属产业；阜新：煤炭、页岩气产业